服を着たネアンデルタール人

現代人の深層をさぐる

江原昭善 著
Ehara Akiyoshi

雄山閣出版

はじめに

洋服とネアンデルタール人とは、随分ちぐはぐな組み合わせで、いささかパロディめいて聞こえるかもしれない。人によっては、気を引くだけの、風変わりな表題に思えるかもしれない。けれども話が進行していくうちに、きっと「なるほど」と合点していただけることと思う。しかも皮肉なことに、このちぐはぐさのなかにこそ、現代人が直面するさまざまな矛盾や懊悩する人間の、ありのままの姿が見えてくる。

生きることに矛盾するからといって、あっさりとそれらの矛盾を切って捨てるわけにはいくまい。切り捨てることは、人間の存在を否定して跡形もなく消し去るか（絶滅）、もしくは蟬のように抜け殻だけを残して新しい次元の世界へと移り住むこと（進化）を意味するからだ。そしてそのいずれにせよ、現在の人間は姿を消してしまうことになる。では、人間は自滅するのだろうか。人間が人間を滅ぼす、つまり「人間にとって人間がオオカミ」ということなのだろうか。ここに問題の深刻さがある。進化史的に見て、現代人は今、まさにこの問題に直面しているわけだ。

人間を「考える葦」と表現したことで有名なパスカルは、一七世紀のフランスの思想家であり数学者でもあった。哲学者デカルトの強力なライバルでありながら、いつも激しい頭痛に襲われ、悩みも多かったパスカルは、その人間を「矛盾をいっぱい抱えながら、それに気づかずに生きているのが人間だ」と指摘した。そのとおりだ。しかしパスカルのころとは違って、今はそれらの矛盾は人類全体のものとなりつつあり、まかりまちがえれば人類全体の破滅になりかねないほど大きくなってしまった。

たしかに人間の本性には、まさかと思うような矛盾がいっぱいある。しかもそれらの矛盾が、生きていくうえで今ほど深刻に表面化した時代はない。でも、なぜこんなことに？

考えてみると、人類がある種のサルから進化して人類になったとき、そのとき必要不可欠だった諸条件がそっくりそのまま、今度は宿命的なデメリットや矛盾に姿を変えて、皮肉にも人間を苦しめるようになってきた。生物である人間が、生物でありながらその生物の域をも超える存在になったので、ほころびと矛盾が生じてきたのだ。ネアンデルタール人はまさにその稜線に立っている。だから筆者はこのような観点からネアンデルタール人を再考することも、人類進化を考えるうえで、新しい意味を持つものと考えている。読者諸子には、そのような意味合いも本書から読み取って頂けたら、と期待している。

話を元に戻すが、このようなちぐはぐさは、場合によっては料理の味を引き締める隠し味のように、人類の精神的・文化的な色合いを深める役目を果たしてきた面もある。たしかに、哲学や思想あるいは宗教や芸術や文学などの奥には、そのような隠し味が読み取れることが多い。

だが、そのちぐはぐさが逆説的ではあるけれども、人類を深みと陰翳のあるものにしているあいだはよいが、それが「人間」を否定し、やがては人類全体の命取りになるとしたら、これはもはや隠し味どころではなく、真剣に立ち向かう必要があるだろう。たとえば、快適に生きるべく人間が自分の手で作り出したものが、巡りめぐって人間を苦しめている。思いつくままに数え上げるだけでも、日々直面している環境や食糧やエネルギー、ゴミや廃棄物処理などをめぐる諸問題、爆発的な人口増加、猛威を振るう疫病、地球上の各地で頻発する宗教的・思想的衝突や地域紛争などを思い浮かべただけでも、なにひとつ解決の目途が立っておらず、裂け目は大きくなるばかりで、考えるだけで気が遠くなってしまう。でもそれらは工夫次第である程度解決の目途もつく。

けれども、人間であるがために人間を否定するような矛盾は深刻そのものだ。このたぐいの矛盾は、人間化（ヒューマニゼーション）や歴史が進行すればするほど、そのちぐはぐさが目立ってくるから皮肉なことだ。それが本書のテーマでもあるので、ゆっくり考えてみたい。

なにごとにつけ、現状のままから進歩に転ずるときはつねに危機を伴う。というのも、ひとたび現状から抜け出て進歩しなければならないときは、目の前に現われた階段を登るか踏み外すか、のいずれかしかない。そして、うまく登れたときは一歩進むし、踏み外したときには滅びが待っている。だから、進歩はいつも危機をはらんでいるものなのだ（フランソワ・ド・クロゼ、一九七〇）。

しかし悲観にうち沈んでいるだけでは、目前の問題はなにひとつ動かないし解決もしない。ここはベストセラー『第三の波』で有名になったトフラーも言うように、「知ることは最大の防御戦略」と理解し、人間にはどのような矛盾点があるかということから考えるのが手っ取り早い。

だから、ネアンデルタール人が洋服を着るようなちぐはぐさこそ、まさに象徴的に現代人サピエンス誕生に向けての陣痛期だった。まずそのへんのところから見ていこう。

ゲザ・ローハイム（フロイト派の精神分析学者）「人類学者は人類を見ようとせず、人間をも見ようとしない。」

パスカル「矛盾をいっぱい抱えながら、それに気づかずに生きているのが人間だ。」

第I章　ネアンデルタール人の目覚め

その日

江原　律

石を運び
野の花を摘んだ
まぎれもなく
ひとが
ひとの死を悲しんで
シャニダールの春
八万年前の
その日

一　シャニダール洞窟の謎

1　洞窟内でのできごと

一九六〇年。といえば、日本では東京オリンピック開催に備えて忙しく、新幹線建設も完成間近で、日本国内は目を見張るような高度経済成長のまっただ中。

そのころ、イラクの北方に位置するシャニダールという洞窟では、たいへんな発見がなされていた。その遺跡は七万五〇〇〇年ほど昔のものだ。しかし今も、季節的にクルド族の連中がやってきては、この洞窟をねぐらにしている。

毎日、分刻みで忙しい毎日を過ごしている読者諸子にしてみれば、いきなり七〜八万年前という数字を聞くと、なんだか時計が止まってしまった話のように感じるかもしれない。あるいは日常とはかけ離れた別の世界の話だと思われるかもしれない。無理もない。人類学者や地質学者は、いとも簡単に一〇万年とか一〇〇万年などという。だが、地球や生物の歴史からみると、八万年などは、あっというまのできごとなのだ。その少なくとも七万五〇〇〇年前にこの洞窟のなかで、ある重大な事件が起きていたのである。

そこには、化石になった老人の遺体が横たわっていた。ネアンデルタール人だ。老人とはいうものの、推定年齢では五〇歳（三〇〜四五歳くらいか）を超えない。今日のレベルで見ると、働き盛りの熟年期というところか（六九ページ参照）。

注意深く調べられたが、その老人は洞窟の落石が原因で不慮の死を遂げたとは考えられない。というのも、洞窟の床面をわずかに掘り下げ、そこに馬の尾の毛を丁寧に敷き詰めて、頭に相当するところに石を置き、それを枕にして眠るがごとく横たわっていたからだ。

さらによく調べてみると、この老人は生前には右腕がまったく動かず、ひじや手首などの関節は重度の関節炎を患っていたし、目も不自由だったらしい。そのような状態だから、ただでさえ過酷な自然条件のなかでは、だれかの手助けがなければ独りではとうてい生きていけなかったはずだ。

そのような老人がこの洞窟内で天寿を全うしているのだ。おそらく手厚い「介護」があったにちがいない。そして親しき者たちに看取られながら死んでいったことは確かだ。そこには明らかに人間性の発露が見てとれる。というのも、介護は温かい人間関係や社会の豊かさの指標になるものだからだ。そのような隠れた豊かさがあるからこそ、介護も可能になるのだ。それを裏付けるように、石器その他の先史遺物や衣食住などの物的な面でも、生きていくうえでは事欠かない程度に豊かで余裕があったことがうかがえる。

ネアンデルタール人については、これまでにも、間接的に人間性を推測させるような遺物や遺跡がないわけではなかった。だが、この洞窟内でのできごとは、まさに介護という行為の最古の

図1　シャニダール人の埋葬
(D. ランバード『先史人類』より一部改変)

直接的で具体的な事例だったということができよう。

　この洞窟内での発見の重要性はそれだけではなかった。その老人の遺体の周りには、今日でも亡き人を送るときのように、幾つかの副葬品の他に、八種類もの遅咲きの春の草花で飾られていた。というのも、フランスの女流考古学者が遺体の周りの土をパリの研究室に持ち帰って調べたところ、八種類の草花の花粉化石が検証され、当時の野の花を摘み取ってきて、遺体を花で埋めていたことが歴然としていたからだ。

　この状況を読み解いてみると、血縁者や一族の人たちによって、悲しみのなかで看取られながら、この老人はふたたび戻ることのない世界へと旅立って行った。彼は今の今まで自分たちと同じように生きて呼吸していた。だが次の瞬間からものもいわず呼吸もせず、しだいに冷たくなって、周りの人たちとは別の世界へと入って行った。彼を引き留める術すらなかった。このようなことから、おそらく彼らのあいだでは、表現はともかく「死」の世界というものを身近に感じていた、あるいは「これが死なのだ」という死の観念がすでに発生していたと考えざるを得ない。ネアンデルタール人はすでに人間的な心の深さも持ち合わせていたことになる（図1）。

先史学的には、これより以前の人類の遺跡（原人類）は世界各地に散らばっているが、埋葬したという痕跡や証拠はいっさい発見されていない。それに引き替え、ネアンデルタール人（旧人類）以降になると、世界の各地で埋葬例が発見されるようになった。身内や仲間の人間が亡くなると、埋葬するしきたりがあったということは、すでに彼らのあいだで死の観念が普及しており、黄泉（よみ）の国や死の世界が発見され、宗教的感情もある程度芽生えていたということになるだろう。

あるいはまた、ネアンデルタール人が残した物のなかには、アムレット（護符）や呪術的な意味を持った遺物や、生贄にされたとも考えられる獣骨なども見つかっている。このような事実から、彼らは現世とは異なる霊の世界が存在すると、感じ始めていたことはまちがいない。

このように死の世界を知り霊の存在を感じることにより、人間の精神は幅の広さの他に深さも伴うようになり、その分だけ生についての認識も深まったことであろう。そう考えれば、死は必ずしもネガティヴで否定的なものだけではなかったということになる。このへんの事情については、後ほど改めて取り上げることにしよう。

2　同じ洞窟でのもう一つの事件

ところが、同じ洞窟のなかで痴情のもつれか感情の行き違いか、あるいは猟場の権利や獲物の配分をめぐる利害関係の衝突からか、原因や理由はともかくとして、相手を死に至らしめた暴力行為や殺人行為があったことも発見されている。そういうことからこの洞窟の調査に当たったコロンビア大学の人類学者ソレッキ（Solecki, R. S., 一九七一）は、その報告書の最後を、「彼らネアンデルタール人が抱えていた精神的苦痛は、まちがいなく私たち現代人が耐えなければならないものと同じだった」と結んでいる（殺人や暴力行為の問題についても、後述）。

ネアンデルタール人たちは、もうすでに死の観念を持ち、喜怒哀楽の情を知り、私たちと同じ悩みに苦しみ、私たちと共通の人間的な心や精神の世界に生きている。違うものはなにひとつない。そしてまた、解剖学的に見ても区別する本質的な違いはなにもない。つまり、彼らは心身ともに私たちとまったく同じ「人間」だったのだ。だから今では、ほとんどの研究者たちによって、彼らは生物学上は私たち現代人と同属・同種のホモ・サピエンスであって、亜種レベルでホモ・サピエンス・サピエンス（*H. s. sapiens*）とホモ・サピエンス・ネアンデルターレンシス（*H. s. nean-*

derthalensis）に区別されているにすぎない。

生物にはすべて過去があり、時間的な深さを持っているものだ。だから私たちと彼らは同一種だが、時間的に大きくかけ離れた異時的種（allochronic species）だと考えればよい。同様にして、同一種だが地域的にかけ離れた、もしくは接していても相互に交雑しない集団もある。これらは異所的種（allopatric species）とよばれる。ネアンデルタール人と現代人は、この関連で見ればまさに異時的種と考えて差し支えないのだ。

だから、もしネアンデルタール人がどこかで生き延びていて、現代人と結婚したならば、まちがいなく子どもも孫も生まれ（第Ⅱ章四―1参照）、人間的な家庭生活を送ることもできるだろう。それどころか、私たちと同じ人権や市民権の問題まで議論しなければならなくなるだろう。ジャワ原人やペキン原人を人間とよぶのには抵抗があるが、ネアンデルタール人を人間とよんでも、いささかのためらいもない。

さて、このようにネアンデルタール人と本質的にほとんど変わらない現代人が、今や二一世紀の情報化社会という新しい歴史的局面にさしかかっているのだ。いろいろな問題が吹き出し、矛盾に直面するのは当然だともいえるだろう。

3　目覚めてみれば深い渓谷の中

ドイツのデュッセルドルフ郊外にあるネアンデル渓谷は良質の石灰岩を産出することで、この辺りでは有名だった。

折しもヨーロッパでは産業革命の波が押し寄せ、産業化の槌音がこの渓谷にまで毎日高く鳴り響き、道路や工場の建設や家屋の建材としても、良質の石灰岩はいくらあっても間に合わないほどだった。だからこの石切場では毎日発破の音が美しい渓谷にとどろき、良質の石灰岩を得るために惜しみなく美は破壊されていった。いつの時代でも、どの国でも、経済や物は美や心よりも優先するものなのだろうか。

その爆破音に長い静かな眠りから目覚めて、ネアンデルタール人第一号は、人々の前にその姿を現わした。一八五六年のことだった。ドイツでは情熱と革命の詩人ハイネやロマン派の作曲家シューマンが亡くなった年でもあった。日本では幕末の動乱期のまっただ中だった。

いっそのこと、もう二～三〇年も我慢して眠っておればよかったものを……。七万五〇〇〇年もの年月からすれば、それくらいの我慢はなんでもないことだっただろうに。

というのも、その当時はまだダーウィンの進化論も世に出ておらず、学者や知識人や世の人々も、この珍客を迎え入れるだけの知識の準備や余裕がほとんど整ってはいなかったからだ。だから半世紀近くも、研究者や人々の間で翻弄され続けることになる。まさに彼が姿を現わしたところは、「目覚めてみれば、暗い森の中」(ダンテの神曲)というよりも、文字どおり鬱蒼と木が生い茂った深い渓谷の中だったのだ。

このできごとによって一躍有名になった「ネアンデル渓谷」という名称は、デュッセルドルフにあるセント=マルチン教会の牧師ヨアヒム・ノイマン(Joachim Neumann)のペン・ネームに由来する。彼は日曜日ごとに、演奏する賛美歌の作詞・作曲も手がけていた。それ故、足繁くこの渓谷を訪れ、その静かで美しい自然のたたずまいのなかで、木々の間をわたる風音に耳を傾け、小鳥たちのさえずりを聞きながら楽想を練った。この場所にいると不思議なほど泉のように新鮮な詩想と楽想が湧いてくるのだった。こうしてできた歌詞や曲は、ネアンデルというペン・ネームで発表していた。そのようなことから、村人たちはこの場所をいつしか「ネアンデルさんの渓谷(Thal)」とよぶようになっていたのである。

ノイマンはドイツ語で「新しい人」という意味で、彼はそれをいささか気取ってギリシャ語に直訳して、ネアンデルというペン・ネームで発表していたのだった。

そのネアンデルの渓谷で、ネアンデルタール人が目を覚ましたのだった。その渓谷では、あらかた石灰岩はむしり取られて、一八五六年にはフェルトホフの岩陰(ロック・シェルター)だけが残されていた。その岩陰は、渓谷の底から垂直に切り立った断崖の二〇メートルの高さのところに、ぽっかりと暗い穴をあけていた。入り口は小さく、なかは暗くてなにが潜んでおり、どうなっているかもわからなかった。逆に、このように足場が悪く近づきがたかったからこそ石の切り出しも容易ではなく、幸運にも最後までネアンデルタール人の寝所として取り残されていたのだった。

その年の八月のある日。ドイツの夏の去り足は速い。夏とはいえ、渓谷をわたる風にはもうそこはかとなく秋の気配が漂っていた。作業員は注意深く岩陰の穴に近づき、爆薬を仕掛けた。轟音とともに岩石は飛び散った。破砕後、二人の作業員が岩屑や塵を取り除いていたとき、彼らのシャベルがカチンと金属的な音を立てて、化石になった骨を掘り当てた。そこにはヒタイの低い眼窩の上が庇状に突出した、今にも飛びかかって来そうなにらみつけるような頭蓋骨、続いてがっしりした大腿骨、骨盤の一部、肋骨片、腕と肩の骨などが横たわっていた。

現場監督は最初これらを見たときは、人骨とは考えないで、この辺一帯でよく見つかるアナグマのものだろうと思った。だが、自分がかつて学んだ学校の博物学の教師ヨハン・カール・フールロット先生が、「この辺一帯は石灰岩地帯なので、将来珍しい化石が見つかるかもしれない。そのときはぜひ一報してほしい」といっていたのを思い出した。

フールロットがこの化石を受け取ったとき、その重要性にすぐ気がついた。作業員たちに案内されて発見現場へと飛んで行ったが、そのときはすでに遅かった。無造作に取り上げられた化石は他の動物の化石と一緒くたになっており、石器があるかどうかも確かめようもなく、他の岩屑と混じり合っていて、しばしぼう然と立ちすくむだけだった。

やがて気を取り戻した彼は、すぐさまこれらの化石をボン大学解剖学のシャーフハウゼン教授に送り、くわしい専門的な研究にゆだねた。フールロットの直観的判断もシャーフハウゼンの研究結果も、すこぶる評価できるものだった。だがすでに述べたように、ネアンデルタール人が目を覚ました時期が、少しばかり早過ぎた。これをきっかけに、学者たちばかりでなく世間の人々も巻き込んで、賛否両論が渦巻き、留まるところを知らない泥沼状態に落ち込んでいく。

4　ネアンデルタール人の虚像から実像へ

産業革命の波も浸透し、合理主義的な考え方も広がっていたとはいうものの、当時はまだ世間の人々のあいだでは、日常の行動も考え方の基準や価値観も、聖書に従っておれば大過なく過ごせると考えられていた時代だった。学問自体も聖書の記載を検証することに明け暮れていた。

そんな世間に投げ出されたネアンデルタール人こそ惨めだった。信心深い多くの人たちは旧約聖書の創世記にもあるように、「これこそ、まさにノアの箱舟に乗りはぐれた愚か者の遺骸だ」と決めつけた。

またあるグループによると、その説明はもっと込み入った、まことしやかなものだった。一三世紀末にトルコ系民族が樹立したオスマン帝国は、一六世紀には西アジアから東地中海にいたる大帝国に成長していた。そしてハンガリーや神聖ローマ帝国のウィーンを脅かし、地中海の制海権まで獲得していた。こうしてオスマン帝国の覇権は一八世紀まで、ヨーロッパ中を震撼させていた。そのトルコ系民族は、幼少のころから騎馬に親しみ、そのため下肢はひどい蟹股（O脚）を呈していた。発見されたネアンデルタール人の下肢骨は、まさにそのような解剖学的な特徴を示していたのではないか。容貌もいかにも憎々しげにみえる。だからこの化石人骨こそ、しばしばヨーロッパに侵入してきた憎むべきトルコ軍の敗残兵が逃げ遅れて、このネアンデル渓谷に隠れ潜んでいたのだろうというのだ。この説明も当時、興味本位な世間の人々には、かなり説得力があった。

これらの留まるところを知らないセンセーショナルなやりとりも、ベルリン大学の病理学教授ヴィルヒョウの権威的な発言で、ほぼ終止符を打った（一八七二）。

彼によると、この人物は病気にかかっていた。眼窩の上が庇状に突出しているのもホルモンの異常による。骨全体の特徴も正常ではなく、いたる所に病的な特徴が読み取れる。結果として容貌が怪異で、とても町なかに住むことができず、人里離れたこの渓谷で、独り淋しく隠遁生活をしていたのだろうというもの。

しかし、進化論の強力な擁護者T・H・ハックスリーは、すでに進化史的観点から、これはすでに絶滅した洪積世（更新世）の化石人類のものだと同定していた（一八六三）。ダーウィンが用心深く避けて通っていた人類の起源と進化について、ハックスリーは「自然界における人間の位置」（一八六三）のなかでまっ正面からこの一八五六年発見のネアンデルタール人骨について論じ、病人でもトルコの敗残兵でもなく、化石人類のものだと論じたのだった。

5　複雑な系図

資料が少ないうちは、解釈にもあまり迷いがなかったのだが、しだいに資料が増加するにつれて、一筋縄ではいかない複雑な事情が浮上してきた。

資料が増加して、地域差や時代差が見えてくると、どうしても系統関係が問題になってくる。ネアンデルタール人のなかには、頑丈でいかにも原始的な印象を与える古典的タイプのものと、サピエンスに近い進歩的タイプ（古サピエンス）のものがあることがわかってきた。

だが常識的には、古典的なものが古くて、進歩型なものの方が新しいというのであれば受け入れやすい。それがどうも図式どおりにはなってはいないのだ。古いタイプ（*Homo sapiens neanderthalensis*）と新しいタイプ（*H. s. sapiens*）の共存と交錯と逆転と消滅が時代的・地域的に複雑に絡み合っているのだ。

しかしこう考えると理解しやすい。生物を種単位で考えると、種には時間的深さと地理的広がりがある。新しいタイプは古いタイプを押しのけ、狭い地域などに押し込めることがよくある。その場所で孤立して周囲との連続性が断ち切られると、古いタイプが遅くまで生き残る。その結果、ある地域では新しいタイプが古いタイプよりも古い時代に出土することだってあるのだ。ヨーロッパはもとより、アフリカ（たとえばホッテントットやブッシュマン）でもアジア（アイヌ）でもオーストラリア（タスマニア・アボリジニ）でも、南米（パタゴニア・インディアン）でも、古いタイプの人種がいつまでも残っている例がよくある（ここで新しいタイプとか古いタイプといった表現を使っても、優劣や価値観で区別しているわけではない。血液のO型はA型よりも古いタイプだというのと同じ類の話と理解すればよい）。

ネアンデルタール人は原人から新人にいたる移行期に存在した。旧人類という人類進化の一段階群として理解することができるが、内容はかなり複雑だ。古典的ネアンデルタール人（一二万五〇〇〇年前ころ完成。西ヨーロッパや中近東に限定）と古サピエンスのいずれが現代人の祖先かという問題にも関連してくる。

ネアンデルタール人は、時代的には二五万年ほど前から三万年前くらいまでの広がりを持っていたが、とくに古典的タイプは七〜三万年のヴュルム氷河期を中心に生存していて、気候もたいへんきびしかった。おそらくそのような寒冷気候に適応して、体系はイヌイット（エスキモー）に似て背は高くなく、身体全体はずんぐりしていて、上肢や下肢は筋肉質で太く、関節も頑丈そのものになった。

だから研究者のなかには、古サピエンス型のネアンデルタール人が、ヴュルム氷河期の襲来とともに寒冷適応してヨーロッパの古典的ネアンデルタール人になり、もう一方は現代サピエンスへと進化したと考える人もあるくらいだ。

古典的タイプのネアンデルタール人では、脳の大きさだけでいうと、私たち現代人（男性で約一四五〇立方センチ）よりも大きいくらいで（約一五〇〇立方センチ）、頭骨全体は長く低くヒタイも低

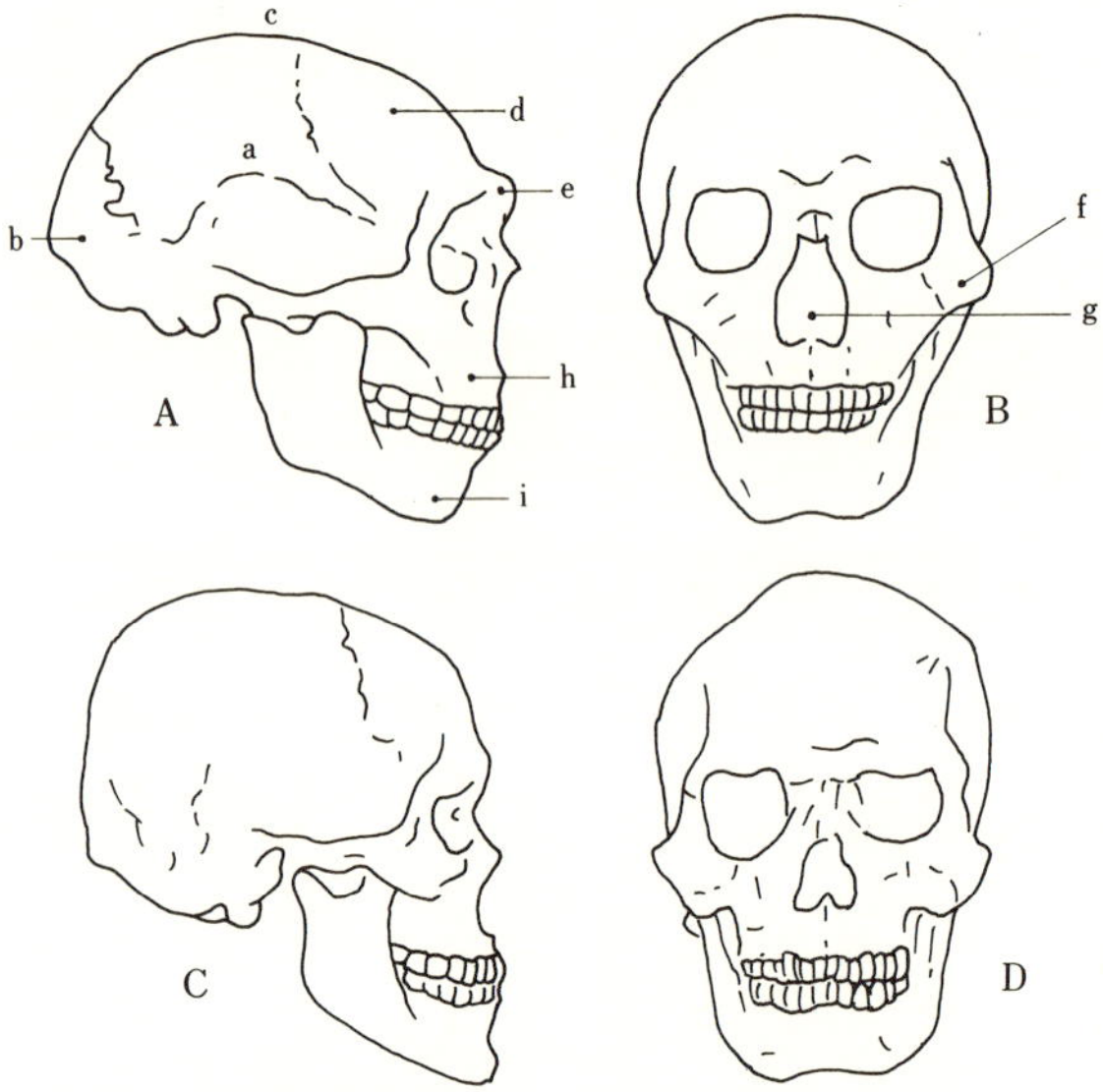

図2　頭蓋骨の比較図（D. ランバートより改変）

A、Bはネアンデルタール人頭骨の側面観と正面観

C、Dは現代人頭骨の側面観と正面観

a　脳容積が大きい
b　後頭部が後方にピラミッド状に突出
c　前後に細長く比較的低い脳頭蓋骨
d　ヒタイは低く、後方に流れる
e　強く発達した眉上隆起
f　頬骨下縁部は流線状
h　中顔部全体が前方に突出
i　頑丈で通常はオトガイが見られない

い。典型的な才槌頭だ。顔幅は大きく、頬骨は正面から見ると下縁部が流線型をしており、顔面全体が脳頭蓋骨の前方に位置している。後頭部は後方に突き出ている。鼻は俗にいう団子鼻で大きく、これも寒冷適応の結果といえよう。下アゴは頑丈で、現代人のようなオトガイが見られない（図2参照）。

これらの古典的な特徴に比べると、ヨーロッパ以外の地域で発見されるネアンデルタール人では、それぞれの特徴が両者のモザイクのように混存し、さまざまな割合でサピエンス型に進化していることがわかる。

ネアンデルタール人はきびしい環境のなかで生きて行くべく、道具や技術にもさまざまな工夫を凝らしたらしい。原人たちに比べると、石器群（インダストリー。考古学用語で、特定の地域や時代の全遺物により示される物質文化のパターン）はいちじるしく複雑になっているが、おそらく彼らが生活していた社会の複雑さをそのまま反映しているのだろう。

それらの石器や技術を見るとき、コミュニケーションや言語を生み出すのに不可欠な抽象能力も、かなり進んでいたことがわかる。人によっては言葉やコミュニケーションなどの存在は実証するすべがないというが、彼らが住んでいた複雑な社会で生活するには、音声的なコミュニケーションがいっさいなかったと想像するほうが、むしろ困難ではないだろうか。音声言語の直接的な証拠がないということが、いつの間にか「そのような事実は存在しなかった」ということにすり代わってしまうことが多い。しゃべり言葉がなくて、どのようにして協力的に大型獲物の狩猟をし、獲物の分配を行なったというのだろうか。

ムステリアン文化では動物骨やトナカイの肩胛骨や象牙に彫刻をほどこし、抽象的な幾何学模様もほどこしている。また、ラ・キーナからはトナカイの骨とキツネの歯で作ったペンダントが出土しており、美的情緒や精神性のレベルを垣間見せてくれる。これらの事実は言語能力が存在したことを強力に暗示しているのではないか。

化石人類の喉頭部の構造から、発声には制約があったという人もいる。たしかに機能的にはそうかもしれない。しかし、形態学では機能と形態の関係をみると、機能がある程度形態をリードすることがわかっている。さらに八八鍵のピアノでも二オクターヴしかないピアニカやハーモニカでも、それなりの音楽を奏することができることを考えてみるがよい。

さて、現在ではネアンデルタール人の資料も豊富になり、詳細にネアンデルタール人の特徴や系統関係を解説した書物も多く出回っている。だから、ここではこれ以上深入りせず、本書の趣旨に添った内容だけに留めておきたい。

二　死の世界の発見と死の進化

すでに述べたように、ネアンデルタール人は死や霊の世界を知った。でも、ことさらに知らなくてもよいネガティヴな黄泉の世界を知っただけのことではないかというのは当たらない。それどころか、死や霊の世界を知ったことによって、人間の精神を立体化し、間口を広げただけでなく奥行きをも深くした。祖先や伝説をとおして、過去や現在や未来に思いをはせ、宗教的な世界を知るよすがともなった。そしてこの精神の奥深さがあればこそ、やがて多くの優れた芸術作品や人々の心をうつ文芸作品をも生み出す原動力になってきたといえよう。それ以来ずっと、人間はいつも厳粛な事実として生や死と直面しながら生きてきたのである。

生や死は個人の問題であると同時に人間全体の問題でもある。これまでそれは、もっぱら文芸や哲学や宗教などの聖域で扱われるものとの観があった。いうなれば精神の領域の問題だった。だが、二〇世紀後半に入って生命科学の領域が発達するにつれて、コンピュータやナノテクノロジー（超微細技術）や人工知能、クローン技術や臓器移植、延命技術やDNA解読などが進み、それにつれて生と死の境目がだんだんと曖昧になってしまった。今では医学や生物学の分野から、「脳死か心臓死か」とか「尊厳死は是か非か」などの議論にも見られるように、生や死について論じられるようになり、その議論の間口も幅広くなり、政治や社会や法制その他、いろいろな局面で取り上げられるようになった。このような問題意識は未だかつてなかったことだ。

人間そのものを研究している自然人類学でも、人間の生や死についてはさらにずっと身近な問題であり、先頭に立って論陣を張るべき重要な問題のはずだ。しかし、人間にとっては生や死はあまりにも自明の事実であり、自明であるが故に脇に押しやられ、見過ごされてきた。そのようなことから、筆者は自然人類学の視点からこの問題について眺め直してみたいと考えた。だから、ここで述べることは、まだほんの議論の入り口のようなものである。

だがそのような、ちょっとした試みからでも、新しい生や死の概念が突きつけられている現在、考え直さなければならない問題点や、不十分な論議や欠陥などがくっきりと浮上してくる。

1　ネズミと人間の死は同じか

「人間の命は虫けら同然」といってはばからない反人間的な事件がよく起きる。けれどもこの表現も、裏読みすれば、「人間の命は虫けらとは違う」という一般の理解を裏返しにして反論している響きがないでもない。では、一般に理解されている人間の命には、どのような意味があるのだろうか。

日本では古くから、「人は死して名を残す」とか、「人は一代、名は末代」、といった言い回しがある。その格言的意味はともかくとして、少し突っ込んで考えれば人間の生命が生物のレベルに留まらず、歴史的・文化的存在でもあることを言外に意味していることがわかる。

だからこそ人間であるかぎり、その人の人生の軌跡や業績、血縁的な人間関係、喜怒哀楽の人間的なしがらみ、そういった精神的・文化的・社会的な関係のいっさいが、その人の生物的な死によって、突如として断ち切られ消えてなくなるわけではなく、死後も残ってなにがしかの影響が尾をひく。

アメリカの著名な文化人類学者クローバー（Kroeber, A. L., 一九四八）もいうように、人間は生まれ落ちると同時に、その部族や民族の文化の網にすくい上げられ、その文化のなかで育ち、その文化のなかで死んでいく。子どもの誕生は、その部族や民族のさまざまな（文化的）儀式や行事によって迎え入れられ、子どもはその社会集団の言葉や風俗・習慣や行動の仕方、価値観や道徳などが植えつけられていく。死にさいしては、かたくななまでにその部族や民族に伝統的な風俗・習慣や宗教儀式により送られ、埋葬され、人々の記憶に刻まれていく。

一方、文化や歴史を持たない生き物たちは、野生の論理、生態的・生物社会的状況のなかで、生まれ、育ち、死んでいく。

文化が人間に及ぼす影響はこれに留まらない。文化は人間の在り方をたんに量的に拡大しただけではなく、質的にすっかり変化させてしまったからだ（第Ⅱ章四―5参照）。わかりやすい例として、人間にとってもっとも生物的営みに近いと思える食と性を考えてみよう。

摂食は、いうまでもなく生物としては個体維持に欠かせない行動だが、人間では個体維持に留まらず、「爪と牙」によらない経済的手段（文化的）で入手され、食材はその部族や民族の習慣に従って調理され、あるいは栄養学的というよりも好みに応じて摂食されるようになった。

夕げの食膳で「マグロの刺身で晩酌したい」と予期していたのに、「こちらの方が経済的で、健康的だわ」といって、膳の上には目刺しが二匹載っていたとしたら、心理的にとても満足できまい。人間にとって食事はたんなる餌ではないのだ。食は個体維持に留まらず、アミューズされるようになったのだ。

下等な生き物たちでは、捕食はそのまま摂食行動でもある。爬虫類などでは餌を捕獲したときは摂食の始まりでもある。人間の場合はこの関係が社会的・文化的にしだいに間接化され、質的に転化していく状況がよくわかる。

性についても同じような質的な転化が見られる。本来は種族維持に欠かせないものが性だが、文化はそれをすっかり質的に変化させてしまった。性的に成熟した異性どうしが、行きずりで乱交的に性器的結合することなどあり得ず、かならずその部族や民族のしきたりに従って、交際、婚約、結婚の手順を踏む。そして種族維持という本来の意義から離れて、享楽的に終始するか、愛へと転化させるかは当人の選択の自由にまでなってしまった。きわめて生物学的と思われる出産にさいしても、どの部族や民族でも、諸々の儀式によって当人はもとより親族うち揃って祝福し、性は人間的な情や愛にまで昇華した姿が見られる。

このようにして生物学的根拠に根ざす行動や現象も、人間の場合には本能まる出しではなく、文化的に質的変化を遂げてしまっていることがよくわかる。人間が文化を持っているということは、生物的人間に文化がプラスされたというのではなく、どの行動も質的にまったく違った文化的なものに質的転化してしまっているということだ。衣や住についても同じだ。

であるならば、人間はもはや純粋の生物ではなく、文化的に生きる人間と生物的に生きるネズミとでは、質的に次元を異にする存在であることは明らかだ。人間の生や死も、たんなる生物的レベルを超えて文化的であり、それに対してネズミの生や死は生物レベルに留まったままなのだ。このような視点から人間の死について理解すべきだろう。

この関係を、今度は別の角度から進化史的に考えてみよう。

2　自然界における人間の位置づけとその意味

自然の進化

ギリシャの哲学者アリストテレスは、自然がつねに生成過程にあることを見抜いていた。

星雲が凝縮していくことから、太陽を中心に地球という惑星が生じ、そこに生命が誕生し、やがて人類が出現してきたことも、すべて「生成する」という共通の性質で貫かれている。だから「自然」を表す英語やドイツ語のネイチャー（nature）とかナトゥール（Natur）などは、語源的にも「生ずる」ということを意味している。

自然界で見られるありとあらゆるものが、より大きな生々流転の流れのなかの部分として同調し合い、たがいに関連し合って森羅万象を形作っている。そして全体として、共通の時間の流れのなかで、一定方向に切れ目なく、逆行することもなく、みずからが変化し、古いものを消滅させ、新しいものを生み出していく。その姿は、あたかも堅いつぼみが、暖かい春の日差しを受けて、膨らみ、ほぐれ、開花していく内なる生命の発展の状態にも似ている。進化という言葉の元

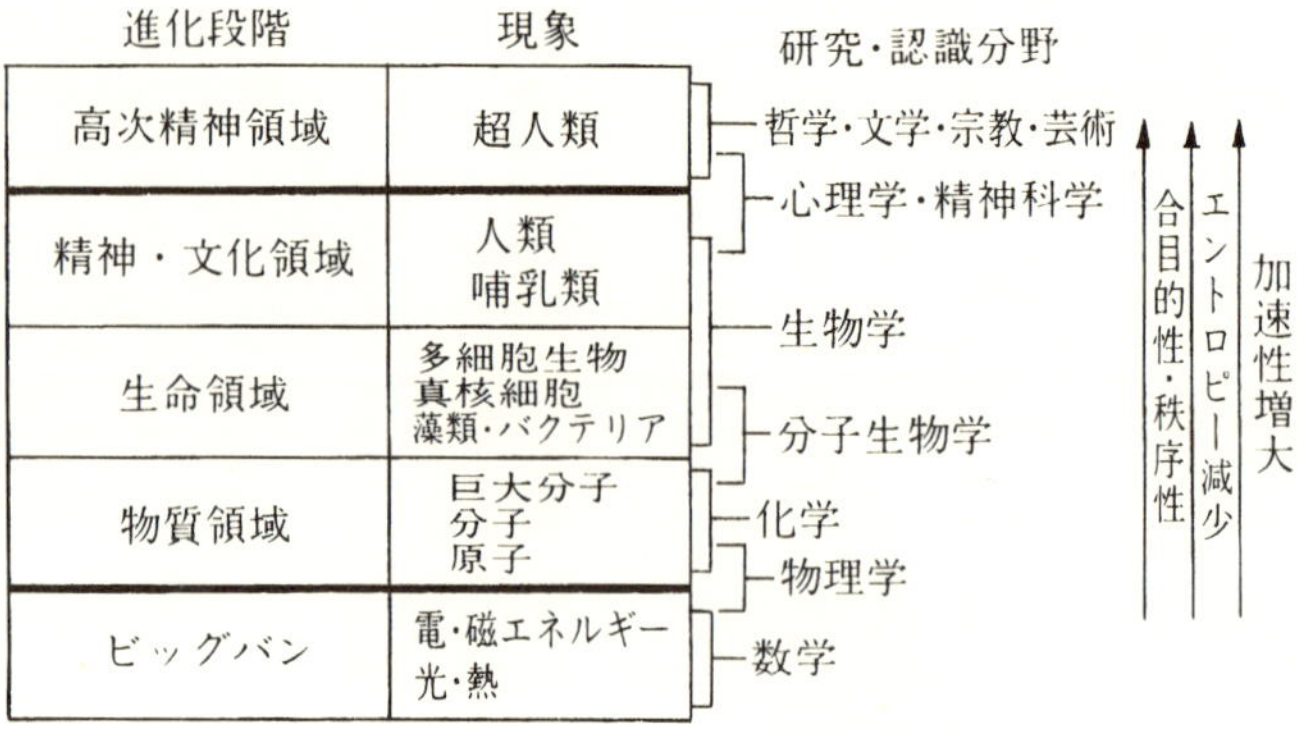

進化段階	現象	研究・認識分野
高次精神領域	超人類	哲学・文学・宗教・芸術
精神・文化領域	人類 哺乳類	心理学・精神科学
生命領域	多細胞生物 真核細胞 藻類・バクテリア	生物学 分子生物学
物質領域	巨大分子 分子 原子	化学 物理学
ビッグバン	電・磁エネルギー 光・熱	数学

（加速性増大／エントロピー減少／合目的性・秩序性）

図3　宇宙レベルでみた進化段階

になったevolution（英）やEntwicklung（独）は、もともと「解きほぐす」とか「繰り広げる」という意味で、まさにこのような状況をさして生まれてきた。

このようにして、初めはただ素粒子や原子や放射線が無秩序に飛び交う状態から、やがて物質ができ、それを素材として生命が生まれ、ついに精神活動が可能な人類が出現したというわけだ。

だから、私たちを取り巻く自然界を眺めてみると、大きく三つの質的に異なる世界もしくは次元に区別することができる。この事実はすでに、イギリスのスペンサー（Spencer, H. 一八二〇〜一九〇三）が『総合哲学大系』のなかでまとめており、その内容は今も多くの思想家や研究者によって引用されてきている。

この三つの次元の出現順は、そのまま自然界の進化をも意味していることがわかる。それらを簡単に眺めてみよう（図3）。

約一五〇億年前にビッグ・バンで宇宙は誕生し、気が遠くなるような宇宙的時間のなかで約四〇億年前に地球が誕生した。その地球の地質学的時間のなかで、地球は絶え間なく変動し、大陸や海や川を生じた。水は低きに流れ、熱いものは冷え、水蒸気は舞い上がって雲となり、雨や雪となって降り注ぐ。気圧の変化は風を起こし、光は明暗を生み出し、エントロピーは増大する。ここではもっぱら物理・化学的法則が支配する世界だ。このような世界が、今も私たちの身の周りに存在していることは明らかだ。

物質だけの世界

生命の世界

やがて、地球上に革命的な大変化が生じた。生命の誕生である。たとえちっぽけな単細胞でも、その誕生は飛躍的であり地球上の大事件だった。もはや純粋に物理・化学的法則だけが支配する世界でなく、生物学的法則が支配する生命の世界の始まりだった（三五億年前）。

まず、自然界ではエントロピー*の増大（図3参照）がふつうに見られる現象だ。水は低きに流れ、熱きは冷め、子どもたちが浜辺に築いた砂の城は、やがて崩れ落ちて元の砂浜のなかに消えてしまう。ところが、生命はみずから秩序性と自律性と合目的性を維持し、エントロピーを減少させる。こうして、物質世界と異なった生物世界が展開する。

しかし、生物も物質を素材とし土台としているのだから、物理的・化学的法則とまったく無縁になったというわけではない。どの生き物も重力という物理的法則から自由ではないし、体内を隈なく巡回する血液が運搬する酸素を末梢の組織に与えるメカニズムは、化学的法則に従っている。摂取した食物を栄養に変換するメカニズムも物理的・化学的法則から自由ではない。だが生物の世界の現象は、そのような物理・化学の法則だけでは完結し得ないというわけだ。

この世界では流れる時間は、上述の宇宙的時間や地質学的時間に比べるといちじるしく加速性を増していて、現象の変化も速いことがわかる。

また、生物の世界ではいくつかのポイントを飛躍的に進化して、たとえば脊椎動物へ、そして哺乳類へ、さらに霊長類へと進化していく。

＊エントロピーを系の乱雑さ・無秩序さ・不規則さを表す物理量と理解しておこう。

精神・文化の世界

ふたたび地球上で革命的な変化が生じた。生命の世界のなかで、生物は進化して高等動物を生みだし、そのなかから精神を持ち、文化的行動をする人類が誕生したのだ。

この世界では、先程述べたのと同じように、もはや純粋の物理・化学的法則や生物学的法則はそのまま適用できない。文化的諸法則が支配する世界だ。たとえば明治維新の出現を物理・化学的法則や生物学的な法則で説明しようとしても、大きな無理がある。やはり文化的・人文的法則のなかで考察すべきだ。

その文化的諸現象は、時間的にもいよいよ加速性を増す。人間は、まさにその先端部に位置している。

進化の最先端に何が来る?

ここから先は、どうなるかだれにもわからない。ただ言えることは、文化的生物である人間が絶滅することがないと仮定すれば、そして地球上の進化がそのまま継続するとすれば、おそらくは、精神・文化次元のなかからのみ新しい世界が展開することだろう。ひょっとすると、ヨハネ黙示録の世界が到来するか、あるいはテイヤール・ド・シャルダンが予測するように、きわめて近い将来に人間はこの加速度の頂点であるオメガ点に達し、そこで神と遭遇するかもしれない。

しかし、もっとも可能性が高いのは、人類は、みずからを自滅させる方向へと突き進むものと思われる。生物の世界には永遠というものがなく、生命の誕生このかた永遠に繁栄した生物種はいない。種の誕生、成長、退化・消滅、絶滅、あるいは新種へのシフト（シンプソンのいう量子進化、J・ハックスリのいう分岐進化。後述）など、さまざまな過程を経て現在の生き物たちが存在しているのだ。

このような有限の世界で、始まりを設定することは終わりがあるということをも意味する。ただ言えることは、現存の生き物たちは生命誕生以来、連綿と片時も途切れることなく生命の糸で結ばれていることだけはまちがいないのだが……。

地球上では、上記の三世界つまり、物質の世界（次元）、生命の世界（次元）、精神・文化の世界（次元）が併存していることはわかった。H・スペンサー以来、無機的次元、有機的次元、文化的次元、その他いろいろな表現がなされているが、大筋ではこの進化図式が認められている（スペンサー、クローバー、メルロ＝ポンティ、P・ラッセルなど）。

この三世界は自然の進化の順序であり、地球上での大枠の構造でもある。そして、この三次元すべてにわたり存在しているのは、地球上では人間だけなのだ。つまり、人間はこの各層をすべて内包していることになる。人間はまちがいなく多くの生物と共通の既知の物質で構成されている。しかしそれだけでは完結せず、その構造に生命を宿らせている。さらにその生命を持った存在が、文化を持ち、精神的な活動をしているというわけだ。

だから、ガリレオがピサの斜塔で鉄球の落下実験をし、ニュートンがリンゴの落下に気づき、藤村操が「巖頭の感」の一文を残して華厳の滝に飛び込んだときも、ひとしく物理的な万有引力の法則が支配し、落下した。どの生物もひとしく物理・化学的世界に生き、さらに新陳代謝や繁殖のメカニズムを維持しなければ生存戦略で敗退する。しかし人間の存在はそのような物理的な法則や生物的な法則の世界のなかで、それを超え、より高い精神・文化の世界で生きているというわけだ。

このように見てくると、生きている（生命がある）ということではネズミも人間も同等だが、人間は精神や文化の世界にも生きているという点では、両者はまるで異質だということがわかる。

3　陥りやすい考え方の癖

カテゴリー・エラー

ここで大切なことは、下位の世界で通用する法則がそのまま、上位の世界の現象をすべて説明しきれるわけではないということだ。物質レベルの物理・化学的法則で、生物レベルの現象をすべて説明できるとはいえないのだ。生命の分子レベルでのメカニズムや呼吸や消化のメカニズムなど、ある程度は物理・化学的説明ができるかもしれない。しかし、それで生命現象のすべてが解明できるわけではない。あえて行なおうとすれば、理論的にカテゴリー・エラーを侵すことになる。

明治維新という歴史的・文化的現象を物理・化学の法則や生物学の法則で説明を試み、ダ・ヴィンチのモナリザの名画の制作動機を、生物学的・医学的に説明するようなものだ。とすれば、もし自然科学や現代医学（デカルト・ニュートン的機械論が基調になっている）が、文化的諸現象を説明しようとするときにも、同じカテゴリー・エラーを侵す危険があることを、知っておかねばならない。たとえば、現代医学が生物次元に足を据えたまま、人間の生や死を、その精神的・心理的・文化的現象にまで押し広げて発言しようとすると、同じような誤りを犯す危険性があるということだ。

すでに述べたように、人間だけが物質世界、生命世界、文化・精神世界の三世界にわたって生存している。だから生物学的死は必ずしも精神・文化的存在である人間の死までを終結させるわけではない。人間が生物として死んでも、親子兄弟の親族間・友人間はもとより、人類全体のあいだでも、その死後も文化的存在として生き続ける。

「つまるところは」論理の誤り

よく、生きとし生けるものはすべて、人間もネズミも同じだという表現がなされる。生命倫理の立場から、あるいは地球生態系のなかでの人間中心主義や人間のおごりと高ぶりを反省する意味でいうならば、それは正しい。

だがそれは、自然人類学的には正確な表現とはいえない。人間もネズミも生命という次元で論ずるならば、たしかにどちらも生き物ということでは同じであろう。けれども、ここには理論的に「悪しき還元主義」が見られる。人間もネズミも、いずれも生命を持った生き物だというレベルにまで引き下げて、つまり還元して議論しようという論理的誤謬が見られる。いうまでもなく、人間の生や死はすでに述べたように文化的次元の現象であって、一挙に生物レベルにまで還元するのは、論理的に危険な飛躍をしていることになる。

科学的な考え方や機械論では、よくこのような還元主義に陥りやすい。「つまるところは」と、主張の論点を単純化して結論することが多い。人間の複雑な文化的行動も脳細胞の働きと無縁でないということから、脳細胞のメカニズム解明こそが人間の行動理解のキーになるといった考え方、人間の特徴がつまるところはDNAにより決定されているのだから、人間の解明にはまずDNAの研究が優先する、ゲノムがわかれば人間の解剖・生理・心理その他の特徴も判明する、といった考え方などは、すべて「悪しき還元主義」の実例である。やや極端な例を挙げたが、これに近い思考法が現在でもよく見受けられるから、注意すべきであろう。

繰り返すが、人間の生や死については、生物的なレベルでの死に留まることなく、生態的、社会的、文化的、精神的レベルでの生や死まで射程に入れて考察することが大切であるということだ。

近年とくに医療技術の発達とともに、人工的に延命もかなり可能になり、死の定義にも変更が迫られるようになってきた。しかし、上に述べたような論点はすっかり無視され、往々にして生物レベルの死の論議にのみ終始し勝ちなのは、残念なことだ。

人間は裸のサルではない

還元主義的な考え方や見方とも関係があるのだが、不当に人間をサルのレベルにまで引き下げて（還元して）議論しようとする風潮が根強く残っている。このような還元主義も、すべてがまちがっているわけではなく、あるところまでは正しい。この点についても触れておかないと、手落ちになるだろう。

スウェーデンの生物学者リンネは、人間を明確に動物界の一員として位置づけた（一七五八）。その認識はまさに新しいパラダイムの到来だった。それまでは、人間は神ではなく動物でもなく、その中間に位置し、他の生き物とは明確に区別されていた。この風潮は、その下敷きに聖書の創世紀があり、さらには多分に人間中心的な感情も働いていたからであろう。そのような流れのなかにあって、リンネは革命的といっても過言ではないが、人間をはっきりと動物分類表のなかに組み込み、動物界の一員にした。そして人間を動物としてみる限り、他の動物と同じように扱う必要があり、同様な基準と方法で二名法を用いて、ホモ・サピエンス *Homo sapiens* という学名を与えたのだった(一七五八)。そしてその定義として、ソクラテスにならって他の動物と異なり、人間には理性があり、みずからを知る能力がある点を強調した。

ナポレオンの侍医をも勤めたイタリアのモスカーチ(P. Moscaci)は、刑場で人体の解剖を行ない、その構造が基本的に四足性の動物と同じであることを知った。人間では直立二足歩行するようになったために、解剖学的な四つ足構造がそのままデフォルメしたにすぎないというのである(一七七〇)。

リンネとほぼ同時代のモスカーチは、刑場で実際に死体を解剖して、その直後に手を洗いながら、

「人間の身体は、基本構造としては四足動物として設計されている。……人間は直立二足歩行により、その器官はさまざまな困難を背負い込んだ。心臓は歪んで横隔膜の上に乗っかり、狭心症の原因になっている。内臓は下半身を圧迫してヘルニアの原因になっている。血液は血管内で停留し、静脈瘤や痔を引き起こす。子宮の位置は母子双方にとって不自然である」

ことがわかったという。この報告を聞いたカントは「観察眼の鋭い哲学的な解剖学者だ!」と絶

賛した。モスカーチのこの観察記録は、その後もずっと「詠み人知らず」のかたちで、整形外科学や解剖学や人類学などの教科書に頻繁に引用されていた。筆者の場合も、そのいきさつまでは知らずに、人類学の教科書や啓蒙書などに、さかんに引用していた。だが一七七〇年に、モスカーチによって初めて指摘されていたことを偶然に知り、筆者はカント以上に興奮したものだ。彼の指摘は、まだ進化論が世に出るはるかに前のことだった。そのカントの推理もきわめて鋭い。比較解剖学が発達して、生物学者たちは外観の類似だけに惑わされないで整然と分類された動物たちを謙虚に眺めると、彼が『判断力批判』（一七九〇）のなかで述懐しているように、

「お互いに近縁の分類群の間で、このような類似があるということは、共通の一つの原型から生み出されたことを暗示しており、共通の祖である母から生み出されたからこそ、各生物の間には近縁関係が存在すると推論せざるを得ない」

という。これはまさに進化論の基礎になる系統発生学的な観察眼そのものだ。

ゲーテも、生物界を広く見渡すと、原型とそれから派生した派生型があることを知っていた。比較解剖学の手法で、いろいろな派生型を比較することにより、原型を探ることが可能である。その原型にこそ神の設計、神の意志が読み取れるという。このゲーテの原型を祖型に、派生型を子孫に置き換えるとそのまま系統発生学になる。つまりゲーテも進化思想の戸口にいたのだが、ついにそのドアをノックするまでには至らなかった。彼の生物観ではその出発点に神が立っていたからだ。

一九世紀中ころにダーウィンの進化論が刊行され（一八五九）、紆余曲折はあったもののしだいにその正当性が認められるようになると、いよいよ一般動物（とくにサル類）とヒトとの連続的な関係が強調されるようになり、人間の動物的位置が明確になった。

このような傾向は、ガリレイやベイコンやデカルト、ニュートンらによって築かれた近代科学の大きな流れと無縁ではなかった。実験を通じて実証や普遍的合理性（法則性）が重んじられ、とくに生物学に基盤を置く近代医学でも実験動物として盛んに動物が使用され、数値化したデータが動かしがたい実証的な裏づけとしての価値を持つようになった。

人間もイヌも同じ病気にかかるし、生理的営みは基本的には同じだ。ラットで得られた生理学的データや薬学的データも、ちょっと注意さえすればそのまま人間に適用できる。こうして人間も解剖学的・生理学的には他の動物と同じだという思い込みが、いよいよ強化された。生命レベルで同等であるだけなのに、不当に人間を生物として論ずる風潮を強めた。たしかにそのような観点から、医学も大きく発展したことはまちがいはないのだが……。

このようにして生物学や医学では、動物たちの行動や心理などを、イソップ物語めいた擬人的な解釈をすることには警戒心を働かせるようになった。しかしながら他方では、不当に人間を動物レベルで見るという、いわば擬鼠観・擬猿観が不自然でなくなってしまったのである。

近年になって、生命を持つ動物たちへのごく自然な憐憫の情からか、あるいは地球生態学的な論拠からか、動物を実験に供することに対してかなり激しい反対運動が巻き起こった。すべてとはいわないが、擬鼠観・擬猿観で凝り固まった生物学や医学の従事者は、動物実験はより大きな人間の幸福や健康に貢献しているのだという、まるで論理のすれ違った大義名分で対抗するようになった。しかし表向きの大義名分は別として、ここでは論理的なカテゴリー・エラーが認められ、理論的分裂症状が読みとれる。

いずれにせよ両陣営ともに、「人間の死もネズミの死も同じだ」という生命倫理や、「対象がたかがネズミではないか」という身勝手な論理も、論理としては不十分であることを認めざるを得ない。

4　死の観念の発達

約一〇万年前には地上からすっかり姿を消した原人類ホモ・エレクトゥス（*Homo erectus*）は、たとえば平地に住居を建て（テラ・アマタ遺跡、約四〇万年前。図4）、火を使用し、マンモスのような大型獲物を狩る知恵と技術を持ち、それに伴う石器類を発達させていた。しかし、原人類すべてについていえることだが、文化遺物を見るかぎり、呪術的観念や祭礼、つまり原始芸術的手工品のような自然宗教の始まりを暗示するものは、ほとんど欠如している。

しかし原人に次いで登場した旧人類（*Homo sapiens neanderthalensis* ネアンデルタール人類、約二〇万年前に出現）では、石器遺物はさまざまな用途に向けて細分化を遂げており、細工は精巧になっ

図4　テラ・アマタ遺跡復原想像図

た。進化の過程で、人間化に向かってしだいに加速の度を強めながら助走してきた人類は、ついに旧人類になって人間へと離陸したのだ。次節で述べるように、私たちと同じ喜怒哀楽の情や世界観（自分が住んでいる世界や現実についての認識の仕方）、霊の存在や死の観念などが飛躍的に発達してきたのだ。

新人類になると（三万年前ころ）、多くの壁画や彫像やアムレット（護符の類）などを残している。そのなかには、今日の商業画家など足下にも及ばないほど躍動感にあふれたみごとな作品もある。壁画のなかにはシャーマニズムの存在がうかがえるものもある。彼らのあいだには、アニマティズム（自然界の事物にはすべてに霊や生命が宿る）やアニミズム（自然界のどの事物にも、それぞれの霊が宿る）の世界観が広がっていた。それらは迷信的といって簡単に片づけられるものではなく、現在でも自然民族にはふつうに見られ、私たち現代人の精神の深層にもそのような観念が根強く残っているものだ。現に、奥深い森のなかに分け入ったときの不安と恐れ、あるいは峻厳な山の姿や何千何百年も年月を経た巨木を目の当たりにしたときには、きっとそこに霊や神が宿っているのではないかと、震えを覚えることだろう。

だから彼らの世界観を今日の合理主義で解釈し、迷信だといって片づけるのはまちがいで、彼らにとっては、それこそがリアリティ（現実）そのものだったことを見落としてはならない。ちなみに今日の合理主義や科学的世界観自体、歴史上数世紀前になって浮上した数多くある世界観のうちの一つにすぎないのだ。だからそれらを絶対視する根拠としては、あまり強力ではない（後述）。

死についての考え方も、これらの観念の発達と密接に連動しながら、アニマティズムやアニミズム、錬金術的な思考、中世キリスト教的・スコラ哲学的思想などを経て現代の世界観にいたり、死の観念や定義もそれにつれて大きく変化してきたといえよう。その先端に「脳死」があるというわけだ。

脳死を死とする思想は、ごく最近になって臓器移植などの技術の発達と相まって浮上した現代医学と合理的思考の産物なのだ。脳死という死が、生命レベルで生物学的に正しいとしても、たんに生命レベル・生物レベルでの思考だけでは十分でないことは、すでに述べてきたとおりである。

5 動物は死を避けているのか

人間にとって、死とは観念の産物だ。観念が死の世界を生み出した。であるならば、人間の死は文化現象ということになる。観念が発達していない生き物では、本能的に生命を維持しようとする。その生命の維持を阻害するものを危険と感じて避けようとする。だがべつに死を避けようとしているわけではない。彼らには死の観念がないからだ。

もう五〇年近くも昔のことになるが、戦後の出版事情の悪い時期に手に入れた三木清の著作『哲学ノート』の一節を思い出す。彼はその中で、「人間は死が恐ろしいのでなく、死の条件が恐ろしいのだ」という意味のことを述べていたと記憶する。その証拠に、瀕死の重傷を負った虫が、なお餌を探して生き抜こうとしている。「今を生きる」ということだけで、死を予感しているようには見えない、というのだ。

動物たちには、生や死の観念がないことは経験的にたしかだ。ただ、現在生きているその生を維持し、それを阻害する危険は本能的に忌避する。ただそれだけのことなのだ。死を避けているわけではない。死を避けているように見えるのは、その生の障害つまり危険が、そのまま死につながると人間が推測しているだけのことだ。もしそうでなければ、動物たちは直面している危険と死の因果関係を認知し、それを予測的に避けるという、認識論上重大な能力を持っていることになる。私たちがいつも「人間という種の生を全うすべく、自分を生きよう」と意識している人はだれもいまい。その関係に似ていなくもない。

こう考えてくると、人間にとって生と死は正と反、まさに弁証法的関係になったといえよう。そのきっかけがネアンデルタール人だったのだ。

ここで、あらためて死の観念はいつごろ誕生し、どのようにして発見されたか、そのいきさつについてまとめておこう。

一九世紀以前は遠い過去は空想の世界であり、過去は時間の停止した暗黒にすぎないという認識だった。二〇世紀になって進化の思想もようやく市民権を獲得し、過去にも歴史的構造があることが理解されるようになった。

現時点では、今から約四五〇万年前に人類はアフリカで誕生し、猿人類・原人類・旧人類・新人類と段階的に進化してきたことが知られている。その人類の全歴史の最後の二・五パーセントのところで、旧人類（*Homo sapiens neanderthalensis*）が登場した。だからネアンデルタール人は、人類という大樹の一枝に咲き出たちっぽけな新芽のようなものだといえよう。この旧人類は、心身ともに、私たち新人類とはほとんど同じだと見なしてもよいくらいだ。この旧人類になって初めて死者を埋葬する儀式が発達した。死者を赤い酸化鉄やマンガン鉱で装飾する例も多く知られているが、赤色は生命を象徴するものであり、死者の復活を望んでいたのかもしれない。いずれにせよ、先史学的に原人類段階ではまだ埋葬やそれに伴う儀式の痕跡は、まったく発見されていないのだ。

ネアンデルタール人のあいだでは、すでに述べたように埋葬はかなり普遍的であり、死の世界も知っていた。しかし、その事実といささか矛盾するようだが、彼らのあいだではかなり広範にカニバリズム（食人の風習）が見られる。このカニバリズムは猿人類や原人類でもすでに見られる風習だ。しかし、ネアンデルタール人の場合は、まず食するために殺人したのでもなければ空腹を満たす目的でもなく、故人の人徳や力を受け継ぐ儀式的なものだった可能性が大きい。

たとえば、イタリアのモンテ・キルケオ洞窟出土の頭骨では、頭骨底を割って脳をすくい出した痕跡があるが、後でその頭骨を石で囲って丁重に安置しているのだ。そこにはある種の儀式すら想定される。これに類すると思われる風習は、現生部族のあいだでもかなり頻繁に見られる。

6　死も進化してきた

いうまでもなく、生と死は生物のあいだで初めて出現した現象で、その生や死にも段階的な進化が認められる。

死体のない死？

細胞分裂を繰り返す有核細胞では、死をどう考えればよいのだろう。分裂により、元の細胞（母細胞）が姿を消すからその母細胞は死んでしまったといえるのだろうか。しかし二つになった娘細胞は母細胞と生命の糸でつながり、それぞれが個体として生きているではないか。そもそも死体のない死とは、随分ミステリアスな話ではないか。

第1表　死の段階的進化（本文参照）

自と他の識別←有核細胞で、すでに見られる。
↓
部分的な個体←死は曖昧。アリやハチなど。
↓
自立的な個体←免疫現象に見られるように、死が明確。脊椎動物から。
↓
観念としての死←死の世界の発見。旧人ネアンデルタール人類から。
↓
脳死←近代医学から。

その有核細胞にも自分を認識する能力がある。つまり種類の違う他個体を識別して避け、自分と同類の細胞だけが集まる傾向を示す。レベルはともかくとして、このように有核細胞にも、すでにある程度の自と他の識別能力つまり自分という個体性があることになるだろう。その個体性の消失が死だと定義するなら、死体はないが分裂前の母細胞は死んでしまったことになる。

多くの細胞が集まって群体を形成する生物としては、海綿動物や刺胞動物や内肛動物、コケムシやホヤの類などが知られている。たとえば海綿動物では、それぞれの細胞が、刺激に反応したり栄養摂取をしたりする部分などに分化して群体を形成し、まるで独立した一個体の観を呈している。そのような個体性を持った群体をすりつぶした後、絹のフィルターで濾過して集めた細胞は、凝集してふたたび元の母個体と同じような群体を形成する。しかし細部をよく観察すると、各細胞は新しい配置を示し、その位置によっては元の細胞とは持ち分が変化していて、元の群体と同じではない。そういう意味では自己同一性は保たれているが、中身は異なる。このような場合、元の群体は解消してしまったわけだが、では母個体は死んで消滅してしまったといえるのだろうか。

個体性にも、さまざまなレベルの違いがある。ハチやアリのような社会性昆虫の世界では、たとえばミツバチを見ると、もっぱら生殖を司る女王を中心に、働き蜂として蜜の採集や育児や巣の維持や防御などに当たり、一糸乱れぬ一つの大家族集団を形成している。この場合、個々の個体は種を構成する自立した個体ではなくて、各機能を分担した部分的個体が集まって、はじめて高等な脊椎動物や哺乳類の自立的な一個体分に相当していることがわかる。

高等動物もDNAや遺伝子、その集合体である細胞、そのような細胞の集合体からなる組織、各種の組織からなる器官、そして各器官の集合である全体的な個体というように、階層的に構造化されている。そのレベルに応じて、自己認識、自己同一性、個体性が明確になる。そして、たとえ個体は死んだとしても、下位レベルのものほど状況を設定すればいつまでも生き長らえることができる。精子バンクや組織培養などはそのよい例だ。ということは、死は自立的な個体性が明確になった高等な後生動物において初めて、表面化してきた現象だということができよう。

個体性が発達して死も明確に

個体が自分と他者を認識し区別する現象として、だれもがよく知っている免疫がある。抗原に対して抗体を作って対処するのは、脊椎動物になってから初めて見られる現象で、無脊椎動物では見られない。そういう意味では真の自立的な個体性の確立は、脊椎動物になってからだということができよう。

このように免疫という現象は、生体が感染に対する抵抗として、よそ者や侵略者を排除すべく、抗体を作りだして生化学的に対処する。生体にとってたいへん都合がよい反応だが、やみくもなところもあるので場合によっては困ることもある。そのよく知られている例としては、花粉症や自己免疫、アレルギー、輸血や移植手術などでの拒否反応など、いずれも融通をきかせることなくかたくなに他者を排除することから生ずる。これらはすべて個体性の主張が原因になっているといえよう。

木の葉が散り落ち、枯れ、朽ちる。このどこが死といえるだろうか。先に述べた働き蟻や働き蜂のように、自立的な個体ではなくて、集団内の部分的個体にすぎない連中では、一匹のアリやハチの死は、あたかも散り落ちた木の葉と同じように、あるいはまた抜け落ちた一本の歯と同じ程度の意味しかないのだろうか。とすれば、それらを私たちと同じ個体性のレベルで死とよぶには、いささかとまどいを感じる。つまり、死という限りは、「自立的な個体性が確立している」ことが必要であるからだ。だから本当に死とよびうるのは、脊椎動物レベルになってからのことなのだ。しかしながらすでに述べたように、彼ら自身にはまだ死という観念が発達しているわけではない（第Ⅰ章二―5参照）。

高等動物とくに脊椎動物以上では、個体性と同時に自己同一性と自立性の飛躍的な高まりが見られるようになる。そして新陳代謝に伴う細胞の老化や喪失を、絶えず新しい細胞で補充修復している。だから中身は同じではないが、自己同一性が保たれている。私たち人間でも休むことなく新陳代謝が行なわれており、死んだ細胞や喪失した部分は絶えず補充されていて、厳密にいうと、昨日の私と今日の私は完全には同じではない。しかし自己同一性が保たれているので、昨日の自分も今日の自分も、「同じ私だ」と認識することができる（第Ⅳ章二―1参照）。

個体性が高度に発達し、自と他の認識が観念にまで高まるにつれ、自我とか自己が明確になる。

自己とは何か　では、自己とは何か、その自己はどのようにして形成されてきたのだろうか。わかりきったようでいて、正面切って聞かれると即答しにくい。

だが、死を明確にするためにも、個体性や自己なるものをはっきりさせてその関係を明らかにしておかねばなるまい。

人間の新生児は環境を意識してはいても、自分と環境を識別しているとは思えない。自分の口と母親の乳首が一体になっている。世界にあるのは、つまり存在しているのはそれだけ。自我の発達とともに、自と他、自分と母親との区別をしだいにしかも急速に識別するようになる。内なる自と外なる他を二元的に区別するようになるというわけだ。

あたかも万華鏡の像にも似た雑然として無意味な情報群のなかから、形づけ（バーフィールド、後述）による意味づけされた世界が、しだいに具体的な姿で立ち上がり、自と他という二元的な世界観が形成されていく。このようにして自立した自我、つまり成長とともに中身が変化しても自分であることに変わりがない自己同一性、自分中心に新陳代謝を統御し、個体性の確立に向けて成長し、自立性をもった自己が形成されていく。この自己意識はすべての思考、感情、知覚、行動をひとつにまとめ上げ、内的統一性が明確になる。こうして世界は「私と私以外のもの」、つまり「自と他」に二分されるようになるのだ。

その「私」つまり自己とは、身長、体重、年齢、性別、国籍、皮膚の色、性格、個性、思考、イデオロギー、服装、自家用車、社会的地位、職業、友人、所属サークルや組織、などによりアイデンティティがいよいよ明確になっていく。しかし「自分は何者か」という意識は、ほとんどが知覚や経験や外界との相互作用、つまり自分が他人とどう違うか、どう関わっているかということで現実的に決定される。身長、体重などから「私」という意識が決められているというよりも、他者のだれかよりも背が高いとか重いというように、自分ではない他があって初めて自己意識が強化されるというわけだ。つまり、自己というアイデンティティは、自己を取り巻く外界から決定される。そのようにして確定されたアイデンティティこそが、「私」を証明する唯一のアイデンティティだとすると、その外部はかけがえのないものになる。それなくしては「私」は存在しなくなる。呼吸をし、睡眠と覚醒を繰り返し、食事や排便をし、といった生物学的・生理的個性をいくら数え上げても、それだけでは自己のアイデンティティを確立することは困難なのだ。

このように見てくると、人間の死とは、ここでも生物学的レベルの問題だけでなく、文化的・歴史的な自己のアイデンティティの消滅であって、息を引き取ったというだけで、自己を決定している他との関係が、一挙に消滅するわけではないということがわかる（第I章二—1参照）。

シャニダール人と副葬品との関係

最近とくに民族間の衝突が増えてきた。そのときよく、相手をイメージした人形や国旗などを踏みにじったり、火をつけて燃したりする光景が目につく。アナログ的な右脳の働きが、具体的な相手とシンボルである人形や国旗とを、同一視させているからだ。

また、ある老人が長年特徴のあるペンダントを、いつも身につけていたとしよう。そのペンダントは老人の持ち物という関係以上に、右脳的にその老人の代わりの役目を果たす。

これらの事実を前提にして、遺跡などから出土する副葬品について考え直してみよう。それらの副葬品のなかには、護身用や護符の類、生活に必要な什器類、社会的身分を示す持ち物や装身具なども含まれている。それらの副葬品は、故人が生前肌身離さず大切にしていたものだからとか、あるいは冥界でも不自由しないようにとの思いやりから、身内や仲間が一緒に埋葬したという解釈が一般的だ。たしかにそう考えるのがもっとも素直かもしれない。だが、現代の論理やパラダイムから推測して解釈するのは危険だ。什器類や生活用具は別として、たとえば装身具の類などはとくにそうだが、埋葬当時のアニミズム的世界では、それらの遺物はむしろ故人の生前における身体の一部であり、その故人のアイデンティティそのものだったという右脳的解釈も成り立つからだ。そしてこのほうがはるかに信憑性が高いといえよう。だからシャニダール人にとっては、身体的死とともにいっさいが無に帰したというわけではなかったといえよう。

また、ネアンデルタール人の埋葬の事実、さまざまな副葬品などから、彼らにはすでにシンボル的・右脳的な能力がかなり発達していたこともうかがえるのだ。この能力が彼らの言語生活とも密接に関連していたことは、想像に難くはない。

考え方が遺伝するか

現代人はネアンデルタール人の遺伝子をかなり多く受け継いでいるはずだが、では、上記のいろいろな例のような、彼らが獲得してきた観念とか価値観とか考え方などのような精神要素については、どうなのだろうか。

ニック・ハンフリーによると、それらはまるで生物の遺伝子ジーンのように、文化的遺伝子ミームとして、人間精神の下部構造に組み込まれているという。それらの精神要素は「人間の脳裏に植え付けられると、まるで寄生虫のように、また、ちょうどウィールスが宿主細胞に寄生するように、細胞をミームのための器に変えてしまう。その証拠に、たとえば〈死後の世界〉というミームは、世界中の人々の神経系統に一つの物理的構造として何百万回と繰り返し再現されているではないか」という。

ここでいうミームとは、非物質的な遺伝子のようなもので、脳から脳へと伝わり、自己増殖する性質があると仮定している。そのようなことから文化的遺伝子ともいわれ、説明原理としてわかりやすいので、かなり広く利用されている仮説的な概念だ。

現在、人類が使っている言語は約三〇〇〇もあり、興味深いことにいずれもほぼ共通の構造を持っている。その特徴はチンパンジーの言語構造とはかなり違うことが最近明らかになってきた（M・チョムスキー）。ということは、世界認識の仕方やパターンが人間とチンパンジーとで異なるということになる。このような現象も、ミームの概念を利用すると、両者のミームが異なるからだということになる。その他、精神分析学者ユンクがいう集合的無意識（個人の意識の領域を超えた民族や人類に共通の無意識）も人類に共通するものであることから、人類のミームによるものとして解釈することもできよう。

7　健康と死と

死を考えるには、病気やその対極である健康についてもいちおう見ておく必要があるだろう。その解釈が時代や民族とともにどう変化してきたかをあらかじめ知っておくと死についても理解しやすいからだ。また、その試みを通じて、死について正面からばかりでなく、裏側からも読み取ることができることだろう。

世界保健機構（WHO）の憲章の前文には、健康の定義が掲げられている。それによると、「健康とは身体的、精神的、社会的に申し分なく安泰な状態であって、単に病気あるいは欠陥のないことではない」という。この定義には多くの賛同者がいるが、しかし健康をたゆみなく変化し生成する動的なプロセスとしてではなく、申し分のない安泰状態という静的状態として描いている点では、いささか不満が残る。

シャーマニズムによると、人間は秩序ある大きなシステムのなかの構成部分であり、あらゆる病気はその宇宙的秩序とのなんらかの不調和から生ずるのだという。近代医学が病的症状の原因となる生物学的メカニズムや生理的プロセスの狂いに焦点を合わせるのに対して、シャーマニズムでは病気を生む社会的・文化的コンテクストに焦点を合わせているところがおもしろい。

古代ギリシャでは治癒は本質的に霊的な現象で、もろもろの神と結びつくと考えられていた。その代表的なものがヒュギエイア（クレタ島の女神アテネの化身）だ。そのヒュギエイアがやがて男神アスクレピオスに吸収されて、治癒の神として崇められるようになった。やがてアスクレピオスは、治療を目的とするメンバーを束ねる組合組織に成長し、そのなかに医学の祖として有名なヒポクラテスがいたというわけだ。

ヒポクラテスによると、病は悪魔や超自然的な力により引き起こされるのでないという。だからその病因も科学的に追求し研究することが可能で、治療や暮らし方により病をコントロールできる自然現象だという。だから病にかからないように予防もできるというわけだ。さらに、人間にはもともと自然治癒力があり、したがって医者の役割は、治癒のプロセスにとってもっとも好ましい状況をつくり、自然治癒力を帮助することだという。つまり、ヒポクラテスの健康観は、「環境による影響を考慮し、心身の相互性を無視せず、人間にはもともと自然治癒力がある」という三位一体的なバランスのとれた状態を強調している。

近代医学では、標的を絞って病気の原因を機械論的に追求し、その原因を除去するのがオーソドックスな方法だ。そのようなことから、たとえば病原菌が発見されると、短絡的にそれを病因と見なす傾向が強まった。だが、細菌学を創始したパスツールでさえ、人体が無数のバクテリアの宿主としての役割を帯びていることを熟知していて、体が弱っているときに限って、それらの細菌類の被害をこうむるのだといっている。つまり単純に病原菌だけが病気の原因だとは考えていない。さらに彼は、患者の状態つまり身体の衰弱や気の持ちようなども、感染への抵抗力に影響することまで示唆している。彼によると、このちっぽけな連中を容易に体内へ侵入させてしまうような事態は、いつも起きているというわけだ。

ところが、いつのまにか焦点は宿主と環境の関係から、微生物そのものへと還元され（「つまるところは」の論理、上述）、考え方がすり替えられてしまった。そして医師の関心もしだいに患者から病気に移行してしまった。ではなぜ、特定の人だけがかぜをひくのだろうか。なぜコレラやチフスの汚染地域で、特定の人だけが発病するのだろうか。現代医学では、これらの事実には目をつぶり、天候、疲労、ストレスなど感染抵抗力を左右する多くの環境要因が働いているにもかかわらず、かぜのウイルスや、コレラやチフスの病原菌などだけが、原因と見なされるようになってしまった（わかりやすいように、いささか極論したが、このようなパラダイムが現代医学ではかなり普遍的だ）。

中国医学では、健康は大きな秩序のなかのひとつの現象であり、陰陽五行に基づくシステムが崩壊すると病気になるという。中国医学ではギリシャ医学と異なり、病気について因果関係にはあまり興味を示さず、物とできごとにより織りなされる共時的なパターンの在り方に関心が向けられている。これをニーダム*は「相関思考」とよんだ。健康も不健康も、つまるところは、変動する環境と個々の人間が関連し合いながら、いろいろな相を示すが、それが陰陽五行に照らし、バランスの崩れ方によって健康であったり病気であったりするというのだ。

このように見てくると、時代や民族や文化により、健康の解釈はさまざまだということがわかる。その健康の崩れを一つの原因や一面的な次元だけで見ても、十分ではないこともわかった。現代医学のパラダイムが欠陥もなく、とくに優れているというわけでもない。健康の尺度としては、多面的に考察し、社会的・文化的システムの総体を映し出したものでなければならない。けっして死亡率や平均寿命といった単一のパラメーターだけで表現できるものではないのだ。

健康は次に述べる進化史的摂理の他に、貧困の程度、適正な栄養の供給、人工的食品の管理、自然環境や衛生学的・社会的・文化的環境問題など、多くの要因の総体として考慮しなければならないということだ。現代科学・技術のなかにどっぷり浸かっていて気がつかないかもしれないが、このような配慮も大切だということを知っておこう。

＊イギリスの生化学者・科学史家。後に比較文明論を展開。一九〇〇〜。

8 寿命の延長

寿命とは何か

死と寿命は、あたかも紙の裏と表のように密接な関係がある。では、生物にとって寿命とは何か。事故もしくは特定の器官の病的な故障などにより死ぬ場合は別として、健康に生きる生物の寿命とは何だろうか。ごく素直には、生まれ、成長し、繁殖し、老化の道をたどり、死に至るライフ・サイクルと見てよいだろう。それはけっして生理学的・生化学的な単眼的観察では結論が出そうもない。生物個体を進化史的座標のなかで、システム全体として理解することも必要になってくる。

化石骨の研究によると、旧人類ネアンデルタール人の寿命はほぼ四〇歳だったという。であるならば、現在の基準で考えると生殖年齢を終えるころ、死が訪れていたということになる。新人類クロマニョン人では、六〇歳くらいまで生きるものが多くなった。つまり、女性では閉経期を終え、生殖機能が失われた後も生きるようになったということだ。

ここでは、死を寿命という観点から考えてみることにしよう。生き物の寿命は、どのようなメカニズムで決定されているのだろうか。下等な脊椎動物のサカナでは、生殖の役割や機能を終えることは死を意味する。サケは生まれ故郷の川に戻ってきて、最後の力を振り絞って急流をさかのぼり、産卵を終えると壮絶な死を遂げる。

生き物には、損傷を受けた場合には、すぐそれを修復し治癒する能力と、たえず老廃した部分を新しいものにとり換える定期的な自己修復能力がある。

だから、私たち人間の身体は、べつに意識しなくても、たとえば小腸内壁の細胞は数日に一回、膀胱の内張り細胞は二ヶ月に一回、赤血球は四ヶ月に一回くらいの割合で、部品の交換がほどこされている。さまざまなタンパク分子はそれぞれ特有の速度で、絶えず定期的に交換されている。つまり私たちの身体は毎日壊され、部分的に死亡させては新しく生成したものと取り替えるという修復作業を繰り返しているのだ。言い換えると、人間の身体は毎日部分的な死と再生を繰り返すことによって生を保ち、自己同一性を維持していることになる。

最適化とはどんな現象か

どれくらい修復可能かは生物の種により、あるいは体の部位により大きく異なる。ではなぜ、下等な動物では手足がちぎれてもまた再生してくるほど修復力が大きく、ゾウは六回も歯が生え代わるのに、人間ではたったの二回だけなのか。人間も、カニのように脚が生え代われば有利ではないのか。ヒモムシではその毒針を取り替えることができるのだから、人間でも心臓を定期的に取り替えることぐらいできてもよさそうではないか。

しかし、すでに述べたように、実際にはせっせと部品交換すると、自動車の寿命も長くなるように、人間の体のなかでも絶えず部品の交換は行なわれているのだ。

だが、脳だけよくても、足だけよくて速く走れても、そのような器官が特殊化することは許されず、個体全体の帳尻が合っていることが大切なのだ。このような状態を「最適化」という。たとえば、小型車に三〇〇〇ccのエンジンを搭載しても、無意味であるどころかどこかにゆがみを生ずるものなのだ。

ところで、このようにして毎日身体部品を全身にわたって修理していると、言い換えると部分がたえず死んでは再生し自己同一性を保っていると、目にこそ見えないが莫大なエネルギー量が消費されているのだ。

最適化の現象は、なぜ女性の閉経期が存在するのか、なぜ多数の子どもを産まないのか、についても解答を与えてくれる。

閉経期の謎

旧人類ネアンデルタール人から新人類クロマニョン人に向上進化したさいに、すでに述べたように、寿命は平均四〇歳から六〇歳まで長生きするようになった。人類では生殖年齢を過ぎた閉経後も、長く生きるようになった。その傾向は徐々にというのでなく、新人類（クロマニョン）になってから急速に目立つようになった。いったいどうしてだろうか。この間に何が起こったのだろうか。

コドモの成長に時間がかかるようになったのは、人類が人類になって以来のことだが、とくに新人類以降にもそれが目立つようになったのだ。それだけコドモの生理的成長に手間がかかると同時に、複雑化した社会集団に適応すべく社会的成長にも手がかかるようになったということだ。その生態的な背景を考えてみると、ただたんに衛生状態が向上したというような局所的な理由だけではなく、もっと大きな進化史的な摂理が大きな波のうねりのように働いていたことがわかる。だからその育児のために閉経後も社会的哺乳を行なうべく、長く生き長らえることになったと考えられよう。くわしい生理的な因果関係はまだすっかり解明されたわけではないが、大局的に見るとうなずけるふしが多々ある。

9 明瞭になった生と死の現象

自明のことではあるが、生き物である限り、生と死はつきまとうものであり生と死はセットになっている。生の延長は死を先送りすることになり、それは寿命の延長でもある。

ではなぜ、高等な動物（脊椎動物）ほど個体的な死が明瞭に存在するのだろうか。それを理解するには、もう一度生物を進化史的に見る必要がある（第I章二―6参照）。その視点に立つと、生物は世代が交代することによって、種全体を発展させているという事実に気がつく。たとえば、永久に不変不死の自動車があるとすれば、やがて新しい型の自動車が出現した場合には、その存在意義はいちじるしく弱くなってしまうではないか。競争が必要になった場合、自分の代では不可能でも、次世代には競争に耐えうる自動車を送り出さなければなるまい。

人間も、ヒトデやカニやタコやトカゲなどが失った手や足や尾を再生するように、再生能力があったらどんなにか便利だろうと思うかもしれない。ゾウのように六回も歯が生え代わったら、一生を通じて歯で悩むことはなくなるだろう。けれども私たちの体は、気がつかないかもしれないが、たえず新陳代謝によって多くの細胞の入れ替えをしている。

このように人間の体全体のシステムを自己同一的に維持するなかで、心臓だけが他の臓器の寿命を無視して二〇〇歳の寿命に耐えられるものを、無理をして装備したとしてもナンセンスではなかろうか。第一、生物の体は長い進化の過程でこのようなむだを省いて、最適な状態を保つように淘汰されてきたはずなのだ。

ちょっとした自動車の部分的な故障も、放置しておくと自動車全体の命取りになる。たえず部品交換することが、どれほど寿命の延長に役立っていることだろう。だからといって、小型自動車の心臓部に当たるエンジンの馬力を何倍も大きくすればよいというものでもない。そのためにはエンジンルームの改造やタイヤの入れかえ、外形の大型化など、全体にわたって改造しなければ性能は発揮できない。生き物の場合もまったく同じで、生き物はそれぞれ、新陳代謝にどれくらいのエネルギー消費で済ませるか、それによって成長期間や繁殖、老化のライフサイクルをどうすれば最適に保てるか。その収支の帳尻のあったところが、すでに述べたようにその生物の最適化なのだといえよう。

とはいうものの、寿命の延長のように、あまりにも短期間のあいだに進化的変化を遂げたので、多少の未調整やアンバランスが生じていることも事実だ。体中の全器官が機械のように、手を携えて同じリズムで進化するわけではないのだ。

たとえば人間では、急速な長寿化に伴って頭髪や歯や目の寿命は、まだついていけないでいる。

四〇歳くらいで歯にガタを生じ始め、働き盛りだというのにこれみよがしに頭髪は抜けて薄くなり始め、五〇歳を過ぎると視力の老化が始まる。だから私たち現代人も、ホモ・サピエンスの発足時つまりネアンデルタール人のころは、寿命の最適化はこのあたり（つまり四〇歳くらい）にあったのであろう。

頭髪はともかく（これは種内の雌雄淘汰や性行動と関係があるのかもしれない）、眼や歯に衰えがあるということは、野生状態では集団から排除され、あるいは死を意味したことだろう。しかし、人類は文化のおかげでその野生的論理を超えることができたのだ。その顕著な実例がシャニダール人の介護だったといえよう（第I章一—1参照）。

第Ⅱ章　苦悩するネアンデルタール人の末裔

秘密

江原　律

自然をねじ伏せて
吐かせた秘密を
ビジネスにして
走り出す
ひとよ
あなたは
ホモ・サピエンス

日常的な生活内容の加速的な変動、生活のための就業生活などの影響と見られる不安、ストレス、ノイローゼ、鬱病、社会的不適合、その他さまざまな精神疾患の恐ろしいほどの増加。心身ともにネアンデルタール人と本質的に違わない現代人の、その七〇パーセントの人々が、このすさまじい加速的な変化の影響をもろに受けているという。その原因の一端を探ってみよう。

一　「人類の全歴史の九九・五パーセントは狩猟・採集時代」が秘めた意味

1　ものすごい加速化の実態

出発間際に、旅行客や見送り客などでごった返している国際空港の雰囲気を想像していただきたい。その超雑踏のまっただ中に、玉手箱を抱え釣り竿一本担いだまま、いきなり浦島太郎が立たされたとき、彼は戸惑いや驚きを通り越して、発狂するか卒倒するかのどちらかだろう。ネアンデルタール人ならなおさらのことだ。

突拍子もないたとえ話のようだが、それときわめてよく似た状況が実際に私たちの身の周りで起きているのだ。よく「人類の全歴史の九九・五パーセントは狩猟・採集時代だった」といわれ

第2表　全人類の歴史を100mに換算

人類出現	4　my	100　m	＝猿人類
火の発見	0.5 my	12.5m	＝原人類
死の発見	0.1 my	2.5m	＝旧人類
古代都市出現	0.01my	25　cm	＝縄文草創期
キリスト誕生		5　cm	＝弥生時代前葉
ルネッサンス		1　cm	＝戦国時代
産業革命		5　mm	
20世紀		2.5mm	
21世紀		0	

＊myは100万年単位の略

る。その表現はあまりにも端的で明瞭であるために、「そんなものか」と、脳ミソの表面をかすめただけで通り過ぎてしまう。しかし、じっと考えてみると、多くの深刻な問題がこの表現の深いところに潜んでいるのがわかる。

まず最初に気づくのは、人類の全歴史の九九・五パーセントが前・後期の旧石器時代だということだ。旧人類ネアンデルタール人の出現は最後の二パーセント以降ということになる。そこに、恐ろしいほどの時代の加速性、つまり物的・精神的な生活様式の加速的変化があったことが読み取れる。このへんの事情を抽象的な数字だけでなく、具体的な感覚で理解できるように、人類の全歴史を一〇〇メートルの長さに換算してみよう（第2表）。

この表からまず気がつくことは、人類はすでに前期旧石器時代を通じて、はじめてサピエンスとして完成したことを意味する。旧人類ネアンデルタール人は、前期旧石器時代に、人類という巨木の幹から枝分かれした小枝にすぎないということだ。それが枯れ落ちるか、太い枝に成長するかは、これからのきわめて短期的な状況とできごとの如何にかかっている。

この表からわかるように、人類は猿人として一〇〇メートルのコースのスタートに立って、ゴールに向かって走り出した。人類は出発点からすでに道具を創り出し、技術を発達させてきたとはいうものの、それはキニク学派のディオゲネス（ブドー酒の樽に住み、奇行と逸話に富む人物）がいったように、貧弱な身体の人類が生き延びるための窮余の一策だった。それまでは他の野生の生き物とほぼ同じレベルで生きる自然の存在にすぎなかった。

だが、火を発見し積極的に利用するようになると、大きく自然を超えることになった。航空機にたとえると、人類の進化は火の使用までは助走段階だったのが、火の使用後は人間に向かって離陸を始めたと見ることもできる。＊それは火の発見以後、人類の身体的・文化的進化が急速に加速度が増したことからも理解できよう。

人類がようやく人間的な情緒を発達し始めたのが、一〇〇メートルのコースのうちのゴール手前二・五メートル、古代都市つまりエジプトでピラミッドが築かれ始めたのが一〇〇メートル中のゴール手前二五センチ、後のめぼしい歴史的区切りはすべてセンチかミリの単位。すさまじいばかりの加速度を読み取ることができるだろう。

＊火の使用は人類の進化史上、革命的な影響をもたらした。

2　加速化の原因

ちょっと身の周りを見回してみよう。すべての存在は時間の大河をとうとうと流れている。加速化は今もいよいよ度を強めて進行中だ。でも、どうしてこのような加速化を生ずるのだろう。

理屈のうえでは無限に加速化が進行するとは思えないので、いつか、どこかでシステムから大きく外れて、軌道から飛び出す可能性がある（ラン・アウェイ）。それが歴史の転換点なのかもしれないし、人類史のうえでは人類の危機的状況を意味するのかもしれない。

でも、ここで考えたいのはそのようなことではない。なぜ、このような顕著な加速化を生ずるのかということだ。

そのメカニズムは生物の進化でも自動車の進化でも、本質的に変わりがないので、例を自動車の生産について考えてみよう。自動車の第一号が世に出るまでは、素材やメカなど、解決しなければならないことが山ほどもあった。燃料、エンジン、電気系統、ブレーキ、アクセル、差動装置、車輪、等々。たがいに関連させ調和させせながら解決して、ようやく第一世代号が出現した。第二世代は、これらの問題をふたたび振り出しに戻って、一つひとつ改良する必要はなく、第一世代号を土台にして改良していけばよい。このような系列的な変化や進化では、AからBへと変化するのに、いちいち振り出しに戻る必要がなく、一段階前の状態から再出発すればよい。だから、変化は全体としてしだいに加速化し速くなるというわけだ。

3　時間の中身を無視しない

進化とか歴史を考えるときには、時間を機軸にして話が進行するという抜きがたい思い込みがある。その時間は連続的でしかも進行は均等であるから、進化や歴史も連続的で等速的であるはずだというわけだ。物理的時間はたしかにそのとおりだが、実際には時間には中身がある。だから、生物の進化や歴史のできごとの系列と物理的な時間とは、かならずしも整合しているとはいえない。経験的にも生物の世界と文化や歴史のなかを流れる時間とのあいだには、大きな違いがあることはすぐわかる。たとえば、人類がサルの時代に過ごした一万年とネアンデルタール人以降の一万年を比較してみると、その中身には比較にならないほど大きな違いがある。逆に、中身を基準にして編年すると、それぞれのあいだに流れる時間の違いがよくわかる。

このようなことがあるので、グローバルに各地域の歴史や文化を見ると、ある地域では依然として狩猟・採集時代に留まっているかと思うと、別の地域では産業革命直後のような状況にある。またある地域では成熟した産業社会をとっくに通り越して、情報化社会に突入している。しかもこれらの現象はすべて共時的に起こり、同時的に存在している。

私たちはややもすれば、一九世紀の延長線上に二〇世紀が、二〇世紀の延長線上に二一世紀がやってくるという具合に、線形的に考えるくせがある。いつも物理的時間尺度で比較するのでなく、歴史はいつもどこでも等速的に進行するとか、異文化の存在を発展の序列と見るのでなく、非線形的に、もしくは層序的に理解することも大切であろう。つまり、一九世紀の上に二〇世紀が、二〇世紀の上に二一世紀が層序的に重なり合うという理解の仕方だ。あたかも、水が100℃以上で気体になり、0℃以下で固体になるように、物質としては同じでも相としては異なるように、連続的ではあるが非連続的な理解が必要なのだ。

4 「十年一日の如し」と「一日十年の如し」

歴史にはいちじるしい加速化があり、それはひとえに時間の中身に関係があるということはわかった。今風にいえば、情報量の問題だといえよう。江戸時代の一〇年と現代の一日の情報量を比較すると、前者が「十年一日の如し」ならば、現代はまさに「一日十年の如し」に匹敵するだろう。

5 予測がつく場合とつかない場合

人間の好みが時代的に影響を受けることは確かだが、それがどのような時代的変化を遂げるかを予測することは、ことのほかむずかしい。

今年紺色のロング・スカートが流行したから、来年はグレーのショート・スカートが流行するとは予測できない。だから流行を生み出すデザイナーたちはいつも、「当たるも八卦、当たらぬも八卦」で、賭に近い腹づもりをしているのだ。

だが、かなりの確率で予測がつく場合もある。自動車の外装やカラーについては予測がつきかねるが、エンジンの性能や電気系統の改良については、かなりはっきりと予測できる。五年後にコンピュータがどの程度改良され向上しているかについても、技術者たちはかなりの自信を持って予測できるし、また的中もする。

いろいろな現象やできごとには、自動車のメカやコンピュータの改良のように、機械論的な分野のものもあれば、服飾のような機械論とはまったく無関係な芸術的・文学的・嗜好的・感性的性格のものなどもある。前者の場合、M・ウェーバーは目的合理性、後者を価値合理性と区別した。もちろん、両者はさまざまな割合で混在しているわけだが、前者では予測性はかなり可能だが、後者の場合はきわめてむずかしい。

6　予測不可能性

一九世紀の徹底したフランスの唯物論者ラ・メトリー（一七〇九〜一七五一）は、デカルトの忠実な信奉者で、人間の精神もつまるところは機械と同じだと考えて、究極的には精神的活動の予測も一〇〇パーセント可能だと断定した。彼によると、予測できないのは科学や技術がまだその域に達していないからにすぎないという。彼には人生の不可解さや矛盾、思いどおりにならない恋愛などあり得なかったのかもしれない。

このような話をすると、デカルトと彼の強力なライバルだったパスカルのやりとりをも思い出さずにおれない。デカルトは「情念論」のなかで、涙が出る原因について、生理的・物理的説明に終始し、まるでポンプが水を汲み上げるメカのように解釈した。それに対してパスカルは、人間の悲しみや涙は「繊細の心」によらねば解釈できないといって、強烈に批判した。

歴史上のできごとについても、予測が困難なことが多い。

一九四八年といえば、第二次世界大戦も終わって、世界中にほっとした安堵の空気が流れ始めていた。アメリカの科学雑誌『サイエンス・ダイジェスト』は、世界中から著名な科学者・技術者を一堂に集めて、一大シンポジウムを開催した。そのテーマの一つに、今後科学や技術がどの程度進歩するか予測しようというものが含まれていた。

そのときの予想のひとつに、人類は二〇〇年後には月面に降り立つことができるであろうと予言していた。当時、筆者はまだ旧制高校の学生だったが、月という天体はおとぎ話以外では登場しない非日常の世界だった。そこに靴を履いた人間が降り立つなんて、想像もできなかった。それがなんと、二一年後には実現してしまったのである。

コンピュータの開発はそのシンポジウムでの予測の二〇分の一の速さで実現してしまった。つまり、たった一〇年あまり先の状況を予測できた科学者・技術者はだれひとりいなかったのだ。一九八九年に、劇的なベルリンの壁崩壊に続いて冷戦構造が雪崩のように崩れ落ちたが、この歴史的な大事件についても、前もってだれひとり予測したものはいなかった。まさに「一寸先は闇」だったのである。

ニュートンの力学では、ビリヤードの球のように、最初に粒子に加えられる力の大きさと方向がわかれば、その後の経過は予測できるという。しかし、二〇世紀に入って量子力学が発達してくると事情はすっかり変わり、すべての粒子の運動は、確率でのみ予測できることがわかった。だから物理学や力学の世界でも、予測は確率的にしか表現できないというわけである。

二　人類進化の理論を再吟味すると

1　進化には四パターンあり

人類の進化という言葉を聞くと、多くの場合はまず「人間の祖先は？」とか「人類の起源は？」ということに興味が集中する。つまり人類はどの時点で、どの系統から分岐したのか、その生物はどのような姿かたちをしており、どのような特徴を持っていたか、ということが興味と関心の的になる。これはもう少し的確にいうと、進化は進化でもそのなかの系統進化のカテゴリーに属するものだ。

だから進化という表現は、意味が広すぎて多義的でもある。そのようなことから、誤用や不適当な使用もよく見受けられる。そこでハックスリー（J. Huxley, 一九五四）は、多くの事例を整理してほぼ以下のように①〜③の三パターンにまとめた。それによると、

①分岐進化（クラドゲネシス　cladgenesis）：ある系統種が枝分かれして、新しい種へと進化する現象。

②向上進化（アナゲネシス　anagenesis）：身体構造の不具合な部分を改善して、効率を高めるような進化、あるいは主要機能の完成を目指すような進化。ハックスリーは細かい身体部分の適応から、一般体制上の進化までを含める。ポルトマン（A. Portmann, 一八九七〜一九八二）は、これを生物の向上 elevation とよんだ。たとえばサカナが水中生活に向くように身体の形態をますますむだのない流線型にしたり、サルたちが樹上生活に都合がよいように、物をつかんだり、鈎爪を平爪へと変えたり、指先をいよいよ器用（マニピュレーション）にして手の効率を高めるような進化をいう。

③安定進化（スタシゲネシス　stasigenesis）：分岐進化して新しく生じた種が、向上進化その他の進化を遂げることなく、安定的に長期にわたって生存する現象。たとえば化石種シーラ

カンスが今日も生存し、あるいは昆虫類の多くが地質時代を通じてほとんど変化することなく、今日に及んでいるような現象をいう。たとえば琥珀（樹脂が化石になったもの）に封じ込まれたアリやハチは、約六〇〇〇万年経た今日のものとほとんど違いがない。

の各パターンがあることがわかる。先ほど述べた系統進化は、分岐進化により生じた新しい系統種がふたたび分岐するまでの進化として、ハックスリーの分類に第四のパターンとして、④系統進化をつけ加えておくと便利がよいだろう。

2　連続でもあり、非連続でもあり

すでに述べたように、進化といえば分岐進化や系統進化がクローズアップされるが、人類進化に関しては、ことのほか②の向上進化も重要であることを強調しておきたい。一般には向上進化はあまり歓迎されず、そのくせ都合のよいときには向上進化の考え方を、裏口から秘かに忍び込ませていることが多いからだ。

向上進化を歓迎しない理由については、幾つか思い当たる。まず進化や歴史は時間を機軸にして話が進行するという、抜きがたい思いこみがある。その時間は連続的で、しかも進行は均等であるから、進化や歴史も連続的で等速的でなければならないというわけだ（第Ⅱ章一—3）。物理的時間はたしかにそのとおりだが、実際にはトフラー（Toffle, A. 一九八〇、「第三の波」）もいうように、「時間には中身がある」。そして、進化や歴史でのできごとの系列と物理的な時間とは、かならずしも整合しているとはいえない。経験的にも生物の世界と文化や歴史を流れる時間のあいだには、大きな違いがあることはすぐわかる。すでに述べたように、たとえば人間が霊長類時代に過ごした一万年と、ホモ・サピエンスになってからの（後期旧石器時代以降の）一万年を比較してみると、その中身には比較にならないくらい大きな違いがあることがわかる。逆に中身を基準に編年すると、流れる時間の違いがよくわかる。

さらに同じ視点で、グローバルに各地域の歴史や文化を見ると、ある地域では依然として狩猟・採集時代に留まっているかと思うと、別の地域では産業革命直後のような状況にある。またある地域では、成熟した産業社会やさらに進んで情報化社会に突入している。これらの現象はすべて共時的だ。だから歴史の進行や異文化の存在を、このような観点から理解することも重要であるといえよう。

とくに進化や歴史の現象には、かならずしも連続とは見られない飛躍がある。たとえば、爬虫類から哺乳類への進化には、形態的な違いだけでなく、機能的・生理的・心理的・行動的にも不連続と見たほうが理解しやすい飛躍と革命的な変化がある。ホミノイデア（類人猿や人類の分類学的総称）のなかで、ホモへと系統分岐した連中は、形態的・生理的・心理的・行動的・社会的・文化的に見て、短時間のうちに大きく飛躍的な進化を遂げた。その変化は巨視的には、まさに不連続的といってもよい。両分類群のあいだには質的な転化が認められるからだ。

歴史的現象についても同じで、たとえば産業革命や明治維新の前と後での歴史的・社会的・政治的な変化については、もはや系統的・連続的というよりも、飛躍的・不連続的に理解したほうがはるかに適切な認識ができる。だから産業革命とか明治維新といわれる所以なのだ。

3　自然科学が毛嫌いする考え方

向上進化という現象については、すでに述べたようにハックスリーだけでなく、たとえばスイスの生物学者ポルトマン（Portmann, A.）も、elevationという概念を使って説明している。たいへん現実的で、わかりやすい概念だからだ。であるにもかかわらず、向上進化という考え方には警戒する向きも多い。なぜだろうか。

おそらく、そっと価値観が裏口から忍び込んでくるおそれがあるというのだろう。向上というからには、科学的には容認できない第一原因とか神の意志が働いて、後ろから現象を押し上げているからだとか、目に見えない力が目的に向かって前から現象を引っ張り上げているからだ、と仮定しているにちがいないと疑うのだ。

しかし、実際には向上進化にはそのいずれの先入観も含まれていない。たとえばポルトマンはいう。ある種の食虫類から進化してチンパンジーになったことは、だれもが承認するが、ではその食虫類とチンパンジーを同列と見なすことができるかどうか。そこには生物学的に大きなレベルの開きがあるではないか、というのだ。

それでもなお向上という考え方には、最初から科学が毛嫌いする価値の観念がひそかに入り込んでいるのではないかと疑う人もいる。二〇年ほど以前に、あるシンポジウムで、向上進化を紹介したところ、科学では禁物の価値観が含まれているのではないかということで、理解してもらえず苦戦した経験があるほどだ。

向上進化にはすでに述べたような非線形的な（第I章二）、質的飛躍が見られることが多い。このような対象は自然科学ではもっとも扱いにくいものである。

それだけではない。向上進化には現在の自然科学がもっとも苦手とする対象を扱うことが多い。たとえば、知能というソフト的な特徴の進化について論じようとするとき、いろいろな動物の知能の系統的関係を論ずることは不可能に近い。また、コミュニケーションの系統的進化を論ずる場合でも、同様の困難に遭遇する。これらの特徴は、動物の種類や系統を超えて広く見られるが、線形的・一系的につなぐことはできない。

たとえば、ハチやアリにも知能やコミュニケーション能力が見受けられるが、それらの特徴をトリやネズミやサルやヒトのあいだで線形的に結んで、知能やコミュニケーションの進化や系統を論ずるわけにはいかない。けれども、アナゲネシスの観点から、生物界全体の知能やコミュニケーションの向上性については論ずることができる。

科学では、知能やコミュニケーション能力や道具の製作能力などのような機能的な特徴については、そのまま研究対象にすることがむずかしいので、たいていは脳の大きさとか道具の形状とその発達度などのような、数量化できる特徴に置き換えて研究せざるを得ない。だから、その置き換えが適当でないときにはとんでもない結論を得ることになる（拙著『人間はなぜ人間か』のなかの「知の源流を求めて」参照）。

4　人類の向上進化とその段階群

系統進化では一本の線をたどるように「人類の祖先や起源は？」と問う。だが向上進化では、階段を登るように「人類はいつ、どのレベルで、どのようにして人類に到達したか」というように、人類を進化の段階群として理解しようとする。

考えてみると、このような見方もすでに述べた分岐進化が人類の起源や人類の祖先を問うのと同じくらい重要であるし、興味もあるはずだ。人類についての総合的な特徴や概念やイメージを描いたり、理解したりするのにも便利だし、人類進化の幅広い研究にも欠かすことができない。

具体的な例で考えてみよう。人類の進化について述べるさいに、よく人類は猿人類、原人類、旧人類を経て、新人類へと進化してきたといわれる。人類をこのように段階群として理解すると、どのような過程と段階を経て人類に進化してきたか、その大筋を理解するのにたいへんわかりやすい。

この表現はかなり曖昧だし、線形的というよりも非線形的な表現だ。たとえば、多くの猿人類のうちのいずれから原人類が誕生し、原人類のうちのいずれが旧人類のどれに進化したかということはいっさい問われていない。けれども、これはこれでよくわかる。どのような特徴を共有するかにより、猿人は猿人であり、原人は原人だと段階設定ができる。その猿人が進化して、どの特徴を獲得したことにより原人の段階になったかと問うているわけで、猿人類と原人類を構成するメンバーの個々の系統関係を論じているわけではないのだ。

5　シナジー効果

アナゲネシスの視座に立つと、次のような大切な問題も浮き上がってくる。

人類には幾つかの基本的な特性を数え挙げることができるが、それらの特徴をバラバラに取り上げて、その発達程度や機能などを論ずるだけでは、不十分だ。人類を全体としてみたとき、個々の特徴の総和以上の性質を示すことがよくあるからだ。個々の特徴が、それぞれ相互触媒的に働き、総和以上の機能を持つこともあれば、質的に転化もしくはシフトして、別の新たな機能を示す場合もあるということだ。むしろこのほうが一般的で、これを「シナジー効果」という。

一九六〇年代になると、サル類の研究（霊長類学）が活発になり、現在ではゴリラやチンパンジーの生態や社会や行動や心的レベルなどがかなり明らかになり、他方では人類が誕生したころの生活の実態などが、ある程度まで復元できるようになった。それらから、初期人類にはすでに、洞察性、言語能力、道具の製作・使用、家族構造へのシフト（現時点では、ゴリラやチンパンジーの社会レベルから家族へのシフトはもう一息というところ）などは、シナジー的に働いて人間化（ヒューマニゼーション）へと進化したと考えられる。つまり、猿人たちはすでに人間化に向かって助走し始め、原人類で離陸寸前になり、ネアンデルタール人で離陸したと考えてよいのではないか。ネアンデルタール人から以後は、これらの諸特徴のシナジー効果は、極端なまでに加速し、今に至っている（第Ⅱ章一―1参照）。

逆に人類の重要な基本的特性を一つひとつ取り上げて各個撃破すると、どれもこれも順にすべて否定することだって可能だ。だから、総合的観点から考えることも大切だということを忘れてはならない。

6　人間はもっとも原始的な哺乳動物

「おけらの五芸」という表現がある。かつて、このおけらという虫が地中で鳴く声を、ミミズの鳴き声とまちがえられたことがある。そのおけらという昆虫は、地中ではモグラにかなわず、地上ではトカゲほどにも敏捷でなく、泳いでも向こう岸まではたどり着けず、木登りはアリにも及ばず、飛んでも屋根を越えられず、そのいずれもできるがどれも中途半端。スポーツでいえば、なんでも屋の選手だが、俗に言う器用貧乏というところか。専門を特定の競技に限定すると、きわめて効率がよいことはわかりきっている。だが、不利な面もある。たとえばボクシングのチャンピオンといえども、リングでなくて土俵に上がれば惨憺たるものだろう。

生物の進化でも同じようなことが観察される。生存戦略として不器用だが、どのような環境でも生きていける生物と、与えられた基本形を破壊してまで特定の環境の王者たるべく進化するパターンとがある。前者は「一般化」、後者は「特殊化」とよばれる。まず特殊化の例としてウマの進化を見ると、基本形としての元の特徴だった五本の指はついに一本指になり、その代わり長くなってその先端の爪が蹄に変形して、サバンナなどでは最適になった。しかし、ちょっとした気候の変動などでサバンナが森林になったり、湿地帯になったりすると、生存がおぼつかなくなる。

それに対して一般化の例では、たとえば人間やサルの手は哺乳類の基本形である五指性を保持し、握る、つかむ、つまむの三機能ができるように向上進化してきた。その効率は人間ではサルたちのなかでも最上だ。

だから、生物の進化では「おけらの五芸」的な、どのような環境にも適応できる一般化は、たいへん有利だといえよう。それに対して、特殊化は特定の環境では王者だが、ちょっと環境が変化しただけで、進化の袋小路に入り込んで絶滅することが多い。

ここでちょっと立ち止まって考えよう。哺乳類や霊長類のなかで、人間ほど基本的な特徴を保持した動物はいない。これを言い換えると、人間ほど原始型を保持した動物はいないということだ。原始的というと、野蛮的と取り違えて考える向きが多いが、これはまさに原始的なまちがいで、原始とは「おおもと」とか「始まり」が元の意味だ。この時点では野蛮という意味はいっさいない。だから逆説的だが、人間は解剖的・生理的に原始的だったからこそ、きびしい生存競争を生き抜いて、今日の人間になることができたのだった。

人類はまさに特殊化を避けてきてよかった。特殊化は機能的にはいわば一極収斂型で、生態的・機能的にはともかく、進化的にはすでに述べたようにたいへん不安定で危なっかしい。具体的な例を挙げると、かつて全盛を極めた恐竜も、ちょっと自然の女神が気候をついて温度を下げただけであえなくも絶滅してしまった。だから、機能の収斂型は滅びの姿の一つでもある。

7　逆立ちした論理

サル的あたまとヒト的あし

私たちには考え方にくせのようなものがあって、うっかりしているとその落とし穴に落ち込む。それが避けがたい偏見などの原因になることが多い。

哲学的人間学などでもよく「他の動物たちと比較しながら、際だった人間的特徴を捉え、それらが人間にとっていかに重要で不可欠の機能を果たしているか」ということを吟味したうえで、「それらがいつ、如何にして獲得されたか」と、起源論とすり替えてしまう論法が多い。

よく考えてみると、これは論理が逆立ちしている。現在見受けられる人間と動物の差異という「結果」を、そのまま遠い過去において動物と人間が分れた「原因」に仕立てているからだ。「サルは裸だが人間は衣服を着用している。だから、衣服の着用の有無がサルとヒトを分けた」という論法とあまり変わることがないではないか。

この論法がいつもまちがった結論を生むとは限らないが、ときには大きなミスを犯す。その実例として、人類学者もこの論法の罠に落ち込んだ。つまり、「人間は理性的動物である」あるいは「サルたちと比べて、ずば抜けて頭がよい」という自明に近い経験的事実から、「それ故、人間は頭から進化してサルたちと別れてきた」と推論して、だれも疑うものはいなかった。

この思い込みが、人類の進化を考えるさいに大きな障害になったのだ。一九六〇年ころになって、猿人たちのデータが豊富になって初めて、人類は「あたま」からではなく「あし」から進化してきたことが明白になったからだ。頭の良し悪しはヒト化の原因ではなくて、むしろ結果だったのだ。しかしそれまでは「サル的あたまとヒト的あし」という、まるでギリシャ時代の神話に出現するスフィンクスやケンタウロスなどの再来のような謎に、振り回されてきたのだ。

だから現在の人類学の教科書では、直立二足歩行性こそが人類をして人類たらしめた原因だと明記されている。しかしここでふたたびちょっと立ち止まって考えてみたい。つまり、この時点で、ふたたび原因と結果を取り違える同じような論理的エラーを犯してはいないだろうか。

サルからヒトへのぎりぎりの時点で、先ほどと同じ論理でヒトの起源について考えてみよう。

直立二足歩行はヒト化の原因でなく結果

もし、猿人たちのなかで天才がいて、「私たちの祖先は?」と、自問したとしよう。先ほどと同じ論理で、「私たちが、サルたちともっとも違っている特徴は何か」と考えて、きっと直立二足歩行に気づくだろう。「私たちはゴリラやチンパンジーに比べて、圧倒的に二本あしで歩くのがうまい。だから、直立二足歩行が私たちと彼らを分け隔てたのだ」といえば、先ほどの論理と同じになる。

では、直立二足歩行が猿人たちの起源だったのだろうか。それが猿人たちとゴリラやチンパンジーを分岐させたのだろうか。ここでもう一度、逆立ち論理の落とし穴を猿人たちで再吟味してみよう。

脳容積がせいぜい六〇〇立方センチくらいの猿人たちの容貌は、見た目にもヒトよりはチンパンジーやゴリラのほうにはるかによく似ている。違いはむしろあしのほうにある。猿人たちは、解剖学的にも直立二足歩行を九〇パーセント程度は完成していた。それ故、上述の逆立ち論理を適用すれば、猿人たちは直立二足歩行することによりチンパンジーと分岐したことになる。

もう少し掘り下げてみよう。一六世紀のタイソン（Tyson, E., 一五七八〜一六五七）は、広く霊長類を研究したことで有名だが、その研究の結果、霊長類を四手類（Quadrumanus）としてまとめ、人類を二手類（Bimanus）とした。タイソンは足よりも手に注目したというわけだ。その分類は、現代の自然人類学からすれば不適当な部分もあることはたしかだ。しかし、彼の指摘のなかには、大いに再考すべきものがある。

約二〇〇種もいる霊長類を広く見渡すと、だれもが知っているとおり、いずれのサルも手を器用に使用するという特徴を持っている。採食時に、ほとんどすべての哺乳動物はイヌやネコのように食物に口を近づけて摂食するが、霊長類ではそのようなことはせず、かならず食物は手にとって口に運ぶ。

チンパンジーでは、ぎこちないにしても道具を製作・使用し、頻繁に「て（指や掌）」を使用する。その手の使用をいっそう効果的にすべく、各指のプロポーションや神経支配（したがって脳からの支配）や親指対向性、探索や吟味に利用する指（とくに人差し指。ヒトの場合、点字が読み取れるほどデリケート。「これは何だろう」と思ったとき、まず人差し指でつつく）、平爪や皮膚隆線や汗腺の分布などが向上進化した。このような器用な手の使用をいっそう効果的にすべく、歩行や姿勢から上肢を完全解放して、二本あしで立ち上がり、ときにはそのまま歩行も行なうようになったのではないか。

さらには、複雑になった社会生活や必要になった高度なコミュニケーション（言語的活動）、それに見合った知能や行動などを考慮すると、むしろこのような「人間性への萌芽」が、人類進化を刺激し促進させたのではないか。その結果として直立二足歩行性が完成されたと考えたほうが、はるかに現実性があるのではないか。つまり「直立二足歩行性がヒト化への原因であるというよりも、むしろ結果だった」「手が足を導いた」と考えたほうが妥当な気がする。この考え方は、今後しっかり議論する必要があると思われる。

現在、ゴリラとチンパンジーは分子生物学や集団遺伝学の成果も併せて、分類学的には人類（ホミニーデ、ヒト科）に含める傾向が強まっている。であるならば、直立二足歩行者ではないゴリラやチンパンジーも含む人類ホミニーデ（ヒト科）を、「直立二足歩行する霊長類」と定義するのは適切ではないことになる。あえて言えば、ホミニーデのさらに下位の分類群ホミニーネ（ヒト亜科）を「直立二足歩行する霊長類」と定義すればよいのではないか。

8　自然と文化を抱え込んだ人間

道具の使用行動は、注意深く観察すると動物たちのあいでも頻繁に見られ、人間の専売特許ではなくなった。だが道具の製作ということになるといささか事情は異なり、稚拙ではあるがようやくホミニーデ（ヒト科）になって出現し、他の動物とホミニーデを分け隔てるルビコン河は、どうやらこの辺を流れていたようだ。ホミニーデのなかでもヒトに向かう系統の猿人類（アウストラロピテクス類）になると、石器の製作・使用が見られるようになる。石器となると、小枝の葉をむしって釣り棒を作るようなわけにはいかない。石塊をトリミングするのに、蜜柑の皮を剝くようなわけにはいかず、工具となるもう一個の石塊が必要になる。そのさい工具も石器ならでき上がったものも石器だ。工具になった石塊は一次的道具（プライマリ・トゥール）で、でき上がった石器は二次的道具（セコンダリ・トゥール）ということになる。その石器で掘り棒が製作されると、それは三次的道具というように、道具はしだいに高次化（メタ化）していく。そのはるか延長線上に、今日の道具や技術や、それにより築かれた文明があるというわけだ（くわしくは、『人間はなぜ人間か』のなかの「知の源流を求めて」参照）。

石器の発明は人類の進化史のなかでは、人類が自然界で確立してきた進化的位置を向上進化でとらえると、一つの節目になっていることがわかる。第I章二ですでに触れたように、人類は物質の世界や生命の世界を駆け抜けてきた。人類が、ふたたび進化を遂げるとすれば、絶滅しなければの話だが、精神・文化次元でふたたびマグマが胎動し、この次元から出発して向上進化するのではないだろうか。その世界では、人類はどのような姿をしているか、まったく推測の域を出ないが、身体的には今の人類と大差がないことだろう。

たとえばサピエンスがいきなり一〇万年後の世界に立たされたとしても、姿形は今とあまり変わりがないだろう。手の指が四本になったり、頭にトサカが生じていたりするようなことはあるまい（足の小指や第三大臼歯などは退化傾向にあり、その他の本質的でない多くの身体の変化は今も進行中）。

それはこう考えると納得しやすい。約一〇万年前のネアンデルタール人が、たった今ジーパンを身につけてサッカー競技場で観戦していても、周りの人はあまり気にしないだろう。つまり変化は身体ではなく、感性とか知性のようなレベルの能力の発達だということだ。古生物学者で神父でもあったティヤール・ド・シャルダンは、その時点で神との遭遇が見られるかもしれないという。彼はその時点をオメガ点と名づけた。現に、イエスやマホメット、釈迦や孔子や老子のような開祖や天才が、人間史のほぼ一定の時期に出現しているではないか。オメガ点ではそのようなレベルのサピエンスが、もっと多くなっているだろうという。

しかしそれは楽観的に考えれば、ということであって、現実はもう少し悲観的かもしれない。すでに述べたように、ネアンデルタール人は生物的・身体的・自然的レベルから、人間的・精神的・文化的レベルへと向上進化した。しかしここで、人間は大きな矛盾を抱え込むことになった。自然と文化、身体と精神、情動と理性、ディオニュソスとアポロン、まるで水と火を同時に飲み込んだようなもの。デカルトはあっさりとこの両者を切り離して、二元化してしまった。だから、デカルト的視座に立てば、人間のなかの大きな亀裂はいっそう拡大されてしまった。その矛盾の解決には、プラトン的・啓蒙主義的・科学主義的な呪縛（これらは系譜的につながっている）から抜け出ない限り、望みは薄いのではないか。

そのような意味で、ここで話の進行を少し変えて、現代人がどのような状況にあるかを観察してみたい。

三　環境問題を再考しよう

私たち人間にとって環境とは何かということについて、傍観的な客観主義者では許されないとしたら、参加者として振る舞う以外にはなく、それ故ここでもう一度環境そのものについて考え直しておく必要がありそうだ。

先に、第I章一―2で自然界における人間の在り方について、すでに概観しておいた。その自然界での特殊な在り方が、そのまま人間の環境論にも反映してくる。そこで、このような視座から人間の環境を見直してみよう。

1　これまでの環境理解を再吟味すると

いま、「環境」が問われている。人間が生きていくうえで、もっとも奥深い生理的次元にまで、直接影響する深刻な問題がクローズ・アップされてきたからだ。

改めていうまでもなく、人間にとっての環境問題は人間あってのことなのだ。しかしそれにもかかわらず、これまでは環境論議のなかで「では、人間は?」と聞くと、「わかりきったこと」といって、そのような論議は時間のむだとばかりに押し返されることが多かった。人間は自明の存在として、いったん脇に置いてあるんだということか。このへんのところを論じ続けたところで、環境問題が具体的に進展するわけでもないということから、今もって人間不在の環境論が払拭されたとは思えない。むしろ生産と結びついた経済政策からすれば、その停滞と遅れは、経済主導の国家や企業群の首を絞めることになりかねない。

ちょうど一九七〇年ころから、身辺で環境問題を論ずる声がしだいに高くなり始めていた。環境論をめぐるシンポジウムや研究会や講演会などが増え始め、いつも盛会をきわめた。それらの主催者は、いつも産業界やそれと密接な関係を持つ工学や医学などの分野から起こっていた。

それと並行するかのように、一九六〇年代から生物学でも生態学的な研究が発達し、動・植物の存続の危機が叫ばれ始めていた。この動きこそ、環境論にとっては正統な流れに近いものだった。というのも、脇に置かれていた主役であるはずの生き物や人間を、議論のなかへ引き戻すことになるからだ。であるなら、人類や人間を直接の対象とする人類学の分野からも、もっと声が大きくなってもよいとは思ったが、学会としてもあまり熱心ではなかった。

筆者自身も自己家畜化の問題に関心を持ち始めてから、環境について考察する機会がいちじるしく増えた。そのさい主人公であるはずの生物や人間を脇に押しやっておいて、外側の条件だけを議論する進め方に疑問を持ち、主体である生物や人間と、客体である外の条件とのシステム（系）として理解することの重要性を指摘してきた。「環境のない人間」は存在しないし、「人間のいない人間だけの環境条件」などあり得ようはずがないからだ。

しかし、このようなわかりきった問題について、いつまでも分裂状態が続くのは、環境についての理解の仕方に原因があることに気がついた。

環境という言葉には、自分を取り巻く外部の世界というニュアンスがある。それは日本語ばかりでなく、英語でもドイツ語でも同じであるところを見ると、受け取り方や理解の仕方は、洋の東西を問わず共通しているらしい。環境を意味する英語の environment や circumference も主人公を取り巻く外の世界を意味しているし、ドイツ語の Umwelt（取り巻いている外部世界の意）も同様だからだ。このような経緯から、環境とは自分の外部にある条件であり、技術的に操作可能な自然である、と矮小化する傾向が見られるようになった。

考えてみれば、この発想は、実験と帰納的手法を強調して近代科学の出発点を築いたベーコン（Bacon, F. 一五六一〜一六二六）以来の伝統なのかもしれない。ベーコンによれば、外の条件である「自然を拷問にかけて、その秘密を吐かせる」ことが実験であり、そのデータから帰納的に法則を得るのが、それ以降の科学のオーソドックスな手法だったからだ。つまり、つねに主体である人間は別格扱いで、その外側の事象を客観的に扱うのが科学だったのだ。

それでも一九八〇年代以降になると、環境問題は一国だけでは完結し得ない問題として、急速に意識されるようになり、個人、地域社会、国、地球、としだいに高次のレベルで考えられるようにはなった。ここにはそれなりの進展があるけれども、出発点が人間でありながら、やはり人間の姿は消えてしまっている。こうして、国のレベルを超えた環境論議として、第一回の地球サミット（一九九二年六月）にまで漕ぎ着きはしたが、「環境と開発に関する国際連合会議」の公式名称にすり替わり、地球温暖化ひいては各国の炭酸ガス排出規制へと論議が進んだ。環境を開発という経済・政治問題との関係で理解し、結局は二酸化炭素最多排出国であるアメリカが猛反対して玉虫色に決着し、次回の国際会議にたらい回しにされ、一九九二年リオデジャネイロから一九九七年京都へと続いた。炭酸ガス排出規制は直接、生産の首を絞めることになりかねず、自国の経済力ひいては国力に反映してくるという懸念が濃厚だからだ。

いまでは環境についてのさまざまな報告や論説などが、毎日のようにテレビや新聞や雑誌などに一定のスペースを占め、手の打ちようのないような悲観論や脅しに近い警告、カッサンドラのような不吉な予言の大合唱、等々で賑わっている。エネルギー開発、大気汚染、地球温暖化、水質汚染、食品添加物、ゴミ処理や産業廃棄物、土地開発、過密過疎や老齢化を含む人口圧、見通しのない政治・経済対策、いびつになった人間関係、教育問題、時代的・産業構造的変化に連動する教育的・精神的環境等々、人間生活のすべてにわたっていろいろな形で顔を出すようになった。

これらはすべて環境問題というキーワードに一括されていて、しかもいずれも一見バラバラに見えて、深層ではみなつながっている。それらすべてはとどのつまりは人間に収斂し、その解決には人間の意識改革が不可欠になっている。しかしよくよく考えてみると、いずれの場合も環境といえば自然保護だとか自然破壊だとか、依然として人間の外側の問題として理解されることが多い。上記のいずれの場合をとってみても、ベーコン的な呪縛から解き放たれてはいないのではないか。

2 生き物に主体性をおいた環境の理解

学問の世界にも流行とまではいわないが、時代や世情を反映して、ひときわ高い興味や関心が持たれる問題があるものだ。

一九六〇年代の生物学や霊長類学などでも、ご多分にもれずその傾向があって、生態学の発達と相まって「環境」とか「適応」という切り込みが盛んだった。

環境といえば次に来るのが適応だった。筆者自身も、その流れのなかにあって旗を振っていた記憶がある。生き物と環境のあいだには切っても切れない系が形成されていることには気づいていた。すでに述べたように、生き物は環境のない真空中で生きているわけではないし、環境はそれぞれの生き物とのあいだに機能的な関係を保って初めて、その生き物の環境となる。人間がいて初めて人間の環境が形成され存在するのだし、人間がいない人間だけの環境はあり得ない。逆に環境のない人間が生きていけるはずがない。人間（主体）と外的条件たる環境（客体）とのあいだには、切っても切れない機能的系（システム）が形成されているのだ。だから、主体であるはずの生き物や人間が無視された環境論は、片手落ちもはなはだしい。生き物も登場させるべきだということから、「適応」が浮上した。とはいうものの、筆者は生き物と環境が、適応という生物の側の受け身の関係で結びつけられていることに、漠然と不満を感じてはいた。

自然科学や技術の世界や産業界では、すでに述べたように、環境といえば主人公（主体）からは切り離された外部の物的条件として扱われた。それに対して筆者は漠然と不満を感じていたのである。しかしながら、そのことを日本人で最初に指摘したのは今西錦司教授だろう。だから、そのような観点から筆者が「自己家畜化現象」という評論を書き、今西錦司先生にぶっつけたとき、彼はこの小論に対して、顔を縦にも横にも振らなかった。後から考えてみると、このときすでに彼の頭のなかには筆者と同じ不満があり、そのさらに一歩先を行く「主体性の進化論」の構想があったらしい。

それによると、彼は生物が環境に対してたんに受け身であるだけでなく、むしろ生物の側に主体性があることを認め、「生物には『なるべくしてなる』という、いわばエネルギーのようなものがあるのだ」と考えていた。

それにしても、私たちは環境という言葉に不用意になじみすぎてしまったらしい。だが、落ち着いて考えてみるとたしかに不備な表現だ。もっと気の利いた誤解のない表現はないものだろうか。この問題を少し考えてみよう。

3　適応という考え方を超えて

生きている、つまり生を営むとはどういうことだろうか。生物の主体性とはどのようなことか。具体的に、自分が朝起きてから夜寝るまでのあいだの行動をつぶさに観察していただきたい。そうすれば、生き物としての自分を次のように定義しても、よくその意味が理解できるだろう。つまり「生き物としての自分が、その周りの条件に能動的に働きかけ、それらを取り入れることによって、自分を維持し、絶えず自分を生理的に調整し、自分のあり方を動的に決定している自律性をもった有機体」だということなのだ。それが生き物の生きている現実の姿なのだ。だから、生き物は周囲の条件に要求されるだけで、ただ受け身で影響されながら生きているわけではないことがわかるはずだ。

すでに述べたように、生き物とその生き物を支える生存条件とのあいだには、系つまりシステムが形成されている。そのシステム全体を環境と理解すべきだと述べた。つまり、人間の環境は人間そのものだということでもある。

しかし生を理解するには、このような静的なシステムとして理解するだけでは十分でないことを知るようになった。ましてや、適応という概念には外的条件が主で、それに適応する生き物のほうは従属的だという考えが潜んでいる。人類の進化を例に取れば、人類は外部の諸条件に操られ、まるでしんこ細工のように、こね回されて人類になってきたというのだろうか。生き物の進化には、もっと生き物としての主体性があってもよいのではないか。それが今西先生の主張だったらしい。

4　生活世界という表現

最近、ニーチェの思想に触れる機会があり、生き物は「外的条件に消極的に適応するのでなく、常に内から発して、より多くの外部を服従させ、自分に同化吸収していく力への意志を持っており」、それを生とよんでいることを知った。たしかに、生き物はそのようにして、たえずみずからの生活世界（Lebenswelt, Fusserl, 一八五九～一九三八）を形成していく。フッサールは環境という言葉こそ使っていないが、彼がいう上記のような動的な生活世界を、現在筆者が理解している環境という言葉と置き換えても、べつに違和感はない。考えてみると至極当たり前のことで、同一の自然空間のなかで、ウサギはウサギにとって、キツネはキツネにとって、それぞれが生きるうえで必要な条件を、自然のなかから積極的に選び取りながら、自分の生活世界を築いているではないか。生き物はただ一方的に自然の側から手を加えられ淘汰され、あるいはやみくもに自然条件に従属的に適応しているだけの、環境の手にこね回されているしんこ細工ではないのだ。

5　環境の拡大と層序性

わかりきったことだが、人間も生物界の一員である限り、他のさまざまな生き物と同じような生理的な外的条件がなければならない。そして人間とその外的条件のあいだには、生理的系が構成されていて、それを生理的環境（今後も環境という表現を使うが、すでに再考したように生活世界の意味）という。このレベルでは人間も他の生き物も変わるところがない。

この生理的系が不調を来した場合、病気という。人為的にこの系が撹乱された場合、公害とよばれる。

最近、この次元での環境問題が人間を直撃し始めた。だからもう少し突っ込んで考えておきたい。

生理的・生態的環境

(1)生き物と感覚器官の関係

生物界を広く見渡してみると、たとえばある下等な動物にとって、生命の維持に必要でない刺激や情報はまったく存在しないのも同然だ。だから、その動物と生命維持に必要な外的条件とのあいだには、閉鎖的な系が構成されている。つまり生きるために必要な刺激や情報をキャッチするのが感覚器官であり、それは生存に必要な刺激や情報だけを通すフィルターのようなものだ。知る必要のない刺激や情報を感覚器官は通さない。

このように、どの感覚器官も選択の働きを持っており、外界から自分に必要な外的条件だけを切り取るものとして仕上がっている。そして、その動物に特有の系が構成され、環境が設定されている。具体的な例で考えてみよう。

たとえば、ダニのメスは明度覚、嗅覚、温度覚の三つの感覚を持つだけだ。皮膚の明度覚で木に登り、嗅覚と温度覚で木の下を通る動物を捕らえ、落下し、その動物に取りついて血を吸う。ダニの生活世界は、この三つの感覚だけで構成されている。

あるいはまた、刺激が生き物に届いていても、自分の生命の維持には関係がないと受け取っている場合には、自分の生活世界から排除してしまう。たとえばトカゲは、どんなにかすかな枯葉の音にも身をひるがえして逃れるのに、かたわらでピストルが鳴っても素知らぬ顔だ。トカゲにとっては、ピストルの音などとは縁もゆかりもない生活世界に生きているからだ。

それ故、まったく同じの刺激が動物によって違った価値を持つこともある。同じ樫の木を例にとっても、その木の根元に巣を作るキツネにとっては屋根、窪みに巣を作るフクロウには風避け、リスにとってはよじ登るもの、鳥にとっては巣を作るところ、アリにとってはただ樹皮があるだけだ。

以上のような例も含めて、生き物たちのいわゆる生理的環境が構成されており、当然のことながら、このようなレベルの系は人間にも存在している。

(2)フィルターをすり抜けるもの（有機化合物や環境ホルモン）

地球上で、ちっぽけな単細胞の生命が誕生したのが、約三五億年前のこと。たとえちっぽけでもこれは地球上の革命的なできごとだった。以来、その生き物は周囲の外的条件のなかから、生きるために必要な物質を選び取りながら、高等な生き物へと進化してきた。同時に、いろいろな種類の生き物をも生み出し分化して、多様化してきた。そのさい共通していえることは、その生き物を構成する物質はすべて、その生き物が生活してきた地球上の既知の物質に限定されている。生き物が接する機会のなかった深い地底の重金属や人工的な新物質などは含まれていない。

だから、あらゆる生き物は、その背景に進化史的な過去を背負っている。言い換えると、彼らは長い進化の過程で生存にたえられない事態に直面すると、そこで非情にもきびしく淘汰された。なかには現在も淘汰されつつあるものもいることだろう。いずれにせよ、現在身の周りに見られる生き物はすべて、それらの生存条件をなんとか潜り抜けてきた生き残りであるといってもよい。

ここで厄介な事態が浮上してきた。

まず第一に、わかりきったことだが、生き物が長い進化の途上で遭遇したこともないような物質に対しては、まったく無防備で、毒物として忌避したり、取り込んだものを排泄したりするだけの生理的メカニズムを発達させてこなかったことだ。だから、そのような物質はいとも簡単に生理的フィルターを素通りして体内に侵入し、いつまでも体内に残留して排泄されることもなく、長期にわたってじわじわとその生き物を攻め続ける。

その最たるものに、今人間を直撃している環境ホルモンがある。正確には「内分泌系撹乱化学物質」といい、ダイオキシンやＰＣＢやＤＤＴ、各種の農薬やプラスティックの原料など、約七〇種類もあるといわれている。

このような物質の許容量を見定めるには、結果は数世代後でないとわからないものが多いので、始末が悪い。おまけに目先きで実証できないものは個人的にも行政的にも軽視されがちだ。といっても、影響が目立ち始めたり、科学的に実証されたりしたときには、すでに手遅れということになりかねない。催奇性や発ガン性のような、目につきやすい化学物質に対しては神経質なくらい用心するのが人情だが、そうでないものに対してはまるで無防備なのだ。おまけに、進行中の現象はいつも明確な結果が出ていないことが多く、実証性と因果関係を重視する科学主義や技術のもっとも苦手とするところだ。また、環境を「外の世界」として見てきた科学主義の欠陥をも見る思いがする。

このような危険な物質が体内に取り入れられた場合、その被害が個体レベルで留まっておればよいのだが、体内に蓄積・濃縮され、最終的に食物連鎖の頂上にいる生き物が、その高濃度の物質を摂取することになる。そのような物質の多くは体脂肪に蓄積され、高脂肪の母乳を通して乳児に受け渡される。だからその影響は個体レベルに留まらず、世代から世代へと作用し続ける。体内に残留した化学物質によっては、ごく微量でも疑似ホルモンとして胎児のホルモン系を撹乱し、性の発現や発育に重大な影響を及ぼす。

このような現象は、今では全地球に広がっているといってもよい。たとえばアメリカのハクトウワシの孵化率は大幅に下がり、ミシガン湖でミンクの不妊が激増、英国でカワウソが激減、北海のアザラシがジステンバー・ウイルスに感染して大量に死亡し、その死骸の皮下脂肪には通常の含有量の二〜三倍のPCB、日本近海の魚介類のペニスは発育が悪く、人類でも子宮内膜症(その原因はまだ完全に突き止められていないが)が増加し、青年期の精子数が半減している(『奪われし未来』参照。その他、この種の情報は新聞・雑誌などにも頻繁に登場し始めた)。そのほか、生殖器異常(オスのメス化)、乳ガンや前立腺ガンなどのようにホルモンに誘発されるガン、不妊症、子どもに見られる神経障害、野生動物に見られるさまざまな繁殖異常や大量死、などなど。まだ未解明な部分も多いが、それらを引き起こす疑わしい物質は身辺にごろごろしている。それらの結果が出てしまったときには、転轍機はすでに多くの動物たちや人類を絶滅への軌道へと切り変えてしまっており、もはや救済の手だてもないということになるだろう。環境問題を「人間を取り巻く外の世界だ」などと、悠長なことをいってはおれまい。結論が出たときには人類が絶滅に瀕するときということになるからだ。

これを世情を騒がす空騒ぎといって切り捨てるか、人類や動物たちを救済すべく、疑わしきを罰して生産や経済にブレーキをかけるか、いずれを選ぶにせよ、その選択の代償はきわめて大きい。*

*以下に、いま話題になっている危険な物質を拾い上げておこう。読者諸子みずから補完していただきたい。

・カドミウム→イタイイタイ病
・水銀化合物→水俣病、農薬
・PCB（耐熱、耐薬品、絶縁）しかし一九七二年以降製造中止
・ダイオキシン（枯れ葉剤、産業廃棄物）→催奇性、発ガン性（ゴミ処理、産業廃棄物の処理過程で排出）
・ビスフェノールA：母ラットに与えた場合、食品衛生法の基準以下（二・五ppm以下）でもオスラットの行動がメス化。ポリカーボネット製食器からも溶け出す。給食用食器の取り替え進行中
・窒素酸化物→光化学スモッグ。排気ガス、大気汚染、水質汚染など
・錫化合物トリブチルスズ（船底の塗料）→海水に溶けだし、貝類の外部生殖器に影響→オスのメス化＝内分泌系撹乱化学物質
・DDT→アメリカ南部の工場で生産→五大湖の魚類→北海のアザラシの皮下脂肪
・TCPメタノール→日本人の成人に普及（七ナノグラム）

(3)物理的・化学的環境条件の撹乱

一九七〇年代の初めのころ。筆者は日本とドイツ（当時は西ドイツ）のキール大学とのあいだを集中講義のため、行ったり来たりしていた。そのときに経験したことはたいへん象徴的なので少し触れておきたい。

そのころ日本は画期的な経済成長期で、生産や建設のような前進つまりプラス面以外のことは

目に入らない状態だった。生産の向上や新素材の出現はいつも諸手をあげて歓迎されていた。こうして世は物的豊かさや快適さや経済的な効率追求に余念がなかった。しかし、暖があれば寒があり、明があれば暗があり、表面があれば裏面があるように、正の事態にはいつも負を伴っていたのだが、それに気がついていた人は少なかった。そして徐々に着実にそのツケが回って来つつあった。都会の大気や河川の水質は汚染が進み、森林は病み、野生動物は行き場を失い、そこに住む住人たちの健康が蝕まれ始めていた。

そんなあるとき、キール大学の親しい同僚たちが筆者のために歓迎コンパを開いてくれた。その席上で、日本では今、大気汚染から喘息問題がクローズ・アップされているし、水質汚濁がその河川にすむサカナに、そしてそのサカナを餌とするトリたちに影響が出始めている。「ドイツでも日本と事情がよく似ているので、きっとそうなるよ」と予言めいたことをしゃべった。同僚たちは笑った。「ドクター・エハラは少し考えすぎだよ！」と、同僚たちはみな笑った。

その一年後、筆者はふたたびキール大学に赴いた。まったく同じ顔ぶれが筆者を迎えた。そのとき、ひとしきりライン河の水質汚染や大気汚染やシュバルツバルト（ドイツ南西部のライン地溝帯東側に広がる美しい森林地帯）の立ち枯れが話題になった。そこで筆者はいった。「昨年、私が同じことをいったさいに、みな笑ったのを覚えているかい？」

そのときすでに日本は、残念ながらドイツに比べて、公害対策では先進国から後進国へと後退していたのだ。

環境問題は一九八〇年代ころから急激にグローバル化してきた。ライン河も上流で汚染が進めば、下流に向かう途中の都市や国が大打撃を受ける。一国の問題として処理することでは解決できなくなった。越境酸性雨の問題は一九六〇年以降急に深刻になっていた。自国がいくら気をつけても、隣国から酸性雨がやってくれば防ぎようもなく、森林や農作物の被害は甚大だ。同じことがすでに東欧と西欧、西欧と北欧、米国とカナダ、中国と日本などで問題化しており、どうしても国際的に解決せざるを得ない。このようなことからすでに述べたように、一九九二年にブラジルのリオデジャネイロで国際会議が開かれたのだ。通称「地球サミット」とよばれている。

一九九七年の京都会議では、地球温暖化の元凶である炭酸ガス排出規制が主要課題になったが、いつのまにか経済・政治などの次元にずり上がってしまい、各国の経済的な利害関係や政治的駆け引きに終始して、結論を得るにいたらないまま先送りされてしまったのは記憶に新しい。

その他、焼き畑や森林伐採による熱帯林の消失面積は一一年間で日本の半分の広さに達し、今危惧されている地球温暖化（局地的異常気象も付加）に、いっそう拍車がかかることだろう。

熱帯林が消失していくと炭酸ガスが増加し、その結果として温室効果がいちじるしくなり、今後一〇〇年間で平均気温が最低3℃上昇するだろう。そうなると、海面が六五〜一〇〇センチ上昇する。

新素材フロンの開発はその特性から用途が広く、洗浄剤、冷媒、発泡剤、噴射剤としてフロンに勝るものがなく、社会生活上もなくてはならない物質になった。しかし、そのフロンガスが地球を取り巻くオゾン層を破壊し、その結果有害紫外線が増加して皮膚ガンを引き起こす心配も現実化してきた。この紫外線の増加は穀物収量や漁獲や魚類を養うプランクトンの減少を招くことにもなる。

社会的環境

けれども人間も含めてのことだが、多くの高等動物になると生理的環境のなかだけで生きているわけではない。生理的環境を包み込むようにして、その外側に採食や摂食、異性をめぐるさまざまな行動様式、育児を全うするための社会行動など、社会集団の内部での諸関係や外敵関係といったことも生活していくうえでは欠かせない系を構成する。これを社会的環境という。

とくに人間では、家族や兄弟姉妹、地域住民、組織内の人間関係、日本的・家族主義的人間関係などのように、社会環境はいちじるしく拡大されている。

物質文化的環境

人類は他の生き物のように、自然界での自然的存在であることに留まっていない。道具を製作・使用し、技術を発達させることにより、自然を利用し、自然を切り開き、自然を作り変え、自然から恩恵を入手することによって、より快適で安全で豊かな生活を目指してきた。この環境はもはや純粋の自然ではなく、技術や道具などの物質文化により構築された、いわば非自然的・人工的環境と見るべきであろう（自己家畜化、後述）。

風俗や習慣、教育的・政治的・経済的諸条件や、思想や価値観や宗教すらもこのカテゴリーに含まれる外的条件であり、人間はそれらをもとり込み、もしくは適応することを余儀なくされている。そういう意味では、意識的・無意識的に適応せざるを得ない人間の環境として理解すべきであろう。

精神文化的環境

上記の各層序はそれぞれ閉鎖的ではなく、ときには密接に連動する。たとえば精神文化的環境が、生理的環境と密接につながっている。食習慣を例に取ってみると、欧米人がイカの刺身を食べないのは、イカに対する消化酵素を持たないわけではない。日本人が生肉を食べるのに抵抗を感ずるのは、それが消化できないわけではない。

料理されたヘビも、その食材がヘビだと知らなければ生理的には受けつけているだろう。そしてヘビだと知った途端に嘔吐する。あるいは、イスラム教徒が豚肉を食べないのは、宗教的慣習からきているのであって、食べたからといって生理的に食中毒を起こすわけではない。このように考えてくると、精神文化的諸条件が生理的条件にまで、深く影響していることがわかる。

以上のように、人間は非常に幅広い層にわたって生きていることがわかる。だからユスト(Just, G.)やミュールマン(Mühlmann, W. E.)は、人間の環境は他の生き物に比べて、いちじるしく拡大していると指摘した（環境の拡大）。さらに人間の環境は、上述の例でも示したように、それらの特定の層序に閉鎖的に閉じ込められることなく、各層序間でも影響し合い、各層序はきわめて開放的であることもわかる。

環境は上層部になるほど個人的環境になってくる。以下にそのことを考えてみよう。

個人的環境

精神文化的環境は民族や宗教などによって大きく異なる。日本文化のなかで育った人間と欧米文化のなかで育った人間とでは、言語や宗教、風俗や習慣、家族主義か個人主義かによる精神文化的環境が大きく異なる。

同じ日本文化のなかで育った日本人どうしのあいだでも、生まれ育った社会的・経済的（山村か農村か漁村か都市か）背景により精神的環境を異にする。

たとえば、ここに豊かに樹木が繁茂した山があるとしよう。材木商はどのような木材がどれだけ伐採できるか、その儲けはどれくらいかと算盤の珠をはじくことだろう。狩人はどれほどのウサギやキツネが生息しているか見当をつけようとするだろう。絵描きは春夏秋冬の季節の移ろいにつれて変わりゆく山の色彩を、なんとかキャンバスに再現したいものと思うだろう。詩人はその美しさを言葉で綴りたいと思う。信仰家はこの神秘に満ちた山にはきっと霊が宿っているに違いないと信ずる。同じ山を見てもこのように見る人の立場によって違った意味を持つ。そしてその意味づけがいよいよ強化されて、その人の「人となり」を決定する（第Ⅳ章一—2参照）。

6　環境の拡大から質的転化

前述のユストやミュールマンがいうように、たしかに人間の環境は他の生き物たちに比べて、いちじるしく拡大していることがわかる。しかし、人間の環境はこのような量的な拡大という視点だけから見るのは十分ではない。精神文化的に見るとき、人間の環境は本来の生物学的意味から大きくシフトして、質的にまったく別の意味が付加されていることが多いからだ。

すでに述べたことだが、たとえば、食は個体維持のために欠かせない生物学的条件だ。しかし人間の場合にはそれに留まらない。捕食がそのまま摂食になる生き物たちと違って、食材の入手はもはや「牙と爪」によらず、道具や技術のような物質文化的手段を駆使して入手する。その食材はさらに運搬や交易により多くの経路を経て、初めて入手される。その食材はそれぞれの民族や部族の慣習や好みによって調理され、やっと口にすることになる。そのさい、どこのだれが、いつ、どのようにして食材を入手したかは、もはや問題ではない。入手の手段としては、牙と爪に代わって貨幣がその手段になる。食は個体維持のために餌を食べるといったものではなく、食べる楽しみや好みへと質的に転化していることがわかる。

性はどうだろう。本来は種族維持のために欠かせない重要な生物学的条件だ。しかしだからといって、出合いがしらに異性どうしがいきなり性器的結合するようなことは、地球上のいかなる部族を見ても人間と名がつく限りあり得ないことだ。どのような未開の部族であれ、その社会の掟に従って、交際、婚約、結婚儀式を経て初めて性的な生活が許容される（むしろ文明社会のほうが崩れていて退廃的なことが多い）。もっとも生物学的と思われる出産にさいしても、その部族や民族の慣習や伝統に則って、家族や親族や仲間たちによって祝福され、愛というかたちに昇華する。

もはや本能丸出しの性ではない。

このようにして、食は個体維持に留まらず、性は種族維持に留まらず、嗜好の対象になり、愛への昇華（もしくは享楽への堕落）となっている。同じことが衣や住についてもいえる。

つまり、人間の環境は量的な拡大ばかりでなく、文化により質的に転化している点を見落としてはならないのだ。そしてそれらがそのまま、人間の精神文化的環境条件を構成しているのだ。

このように見てくると、人類はもはや自然の存在だとは考えにくい。みずからの手で自分の生活環境を作り上げてその中で生活している。そのいわば文化的な環境が、心身にわたって人間に大きな影響を与えてきた。それを説明できるような実例が生物界にあるだろうか？　ある！　そのよい実例がある。次にそのことについて考えてみよう。

四　人間は家畜である

1　イノシシがブタに

文化的環境条件下で生きることが、どれほど人間の心身に重大な影響をもたらすものなのだろうか。それを理解するよい実例として家畜がある。

家畜にはかならずその元になった野生原種の生き物がいる。それが人工的環境条件下で操作され、育種されることにより家畜になったのだ。その結果、両者のあいだでは、まるでイヌとネコほどの違いを生ずる。けれども野生原種とその家畜とは、見てくれがいかにかけ離れていようとも、生物学的には両者とも同じ仲間であって（つまり種は変わっていない）、その証拠に掛け合わせればコドモもできるし、マゴも生まれる。繁殖上の障壁はまったく存在しない。

この事実を、ブタとイノシシの例についてもう少し突っ込んで考えてみよう。家畜のブタには、その元になった野生のイノシシがいる。ブタは暑さ寒さや雨露風雪にさらされることなく、人間の手で造られた小屋のなかでぬくぬくと生活している。喉が乾けば水飲み場がしつらえてあり、空腹になると栄養を考慮した配合餌が与えられる。必要に応じて遺伝的に望ましいオスまたはメスがあてがわれ、コドモが産まれると人間が介助して育てられる。危険な外敵が近づくと人間が追っ払ってくれる。こうしてブタはたらふく食べ、安穏に毎日を送ることができる。

一方、野生のイノシシは、雪が降っても雨が降っても、生きていくためにこれらの一つひとつを命がけでこなし、一日の九〇パーセント以上をそのために費やす。それが野生に生きる基本的条件なのだ。

驚いたことに、このような生活環境の違いが、わずか数代続くだけで野生のイノシシは家畜のブタになる。咀嚼器や消化器は退化し、脳は低質化し、心理的・行動的に攻撃性や警戒心は失せて神経質なところだけが残る。文字どおり頭から足先まで、解剖・生理・心理・行動にわたってすっかり変化してしまう。

このような変化を「家畜化（domestication）」とよんでいる。とすると人間の場合も同じではないだろうか。豊かな生活とか、安全な生活とか、快適な生活といっても、つまるところは文化的、といえば聞こえがよいが、人工的生活環境下で生活していることには変わりがない。このようなことから人間の解剖的・生理的特徴には、家畜と共通するものが多い。しいて異なる点を挙げれば、家畜の場合には多産にするとか、乳量や産卵数を増やすとか、脂肪分を多くするとか、病気に強くするとか、さまざまの経済目標があって育種されている。ところが人間の場合は明確な目標はなく、ただ快適で豊かな生活を、ということだけだ。こうしてこうむった変化を自己家畜化（self-domestication）という。

平均的な都会の団地生活の例を見てみよう。そのような都会人は舗装された夜道を帰り、コンクリートの階段を上がり、鉄製の扉を開ける。電灯のスイッチひとつで、夜が昼に変わる。冷蔵庫を開ければなにがしかの人の手が加わった人工的食品がつまっている。蛇口をひねれば水が得られ、操作ひとつで火が得られる。このようにして快適性とむだの排除を追求した究極は、ついには純人工的な宇宙船のような空間になるのだろうか。そして人間はそのような環境に、生理的・心理的にどこまで耐えられるのだろうか。

アメニティ空間といえば聞えがよいが、つまるところ人工的環境であることに変わりはなく、ちょっとその舞台裏を覗くと、家畜的環境条件に取り囲まれた人間の姿が浮かび上がってくるではないか。こうして人間は、知らず知らずのうちに心身ともに影響を受け、変化しつつあるのだ。ひょっとすると大都会に多い出勤・登校拒否症や自律神経失調症、心身症やノイローゼやうつ病などの精神性疾患なども、このような環境との不適合と無関係ではないと思うのだが……。

2　人間が文化を創り、文化が人間を創った

人間は他の動物たちと異なり、文化や技術を発達させ、自然を切り開き、改良し、有害な動物や植物を排除し、暑さ寒さもコントロールして自分が住む生活環境をみずからの手で創り出してきた。その結果人間の身体は、ただ身長が伸びたとか体重がいちじるしく増えたといった変化だけではなく、家畜化の現象で見たように、解剖・生理・心理・行動などのすべてにわたって心身ともに質的に変わってしまった。

だから、ウィーンの人類学者アイクシュテット（E. Eickstedt, 一九三四）は、「人類が文化を創り出したといって威張っているが、実は文化が人間を創り出してきたのだ」という。まことにそのとおりで、もし人類が文化を持たなければ、現在も私たちは毛むくじゃらな猿人の姿のままで、山野を走り回っていることだろう。

3 「家畜化」でどこまで人間を説明できるか

一九六四年の冬学期にドイツ(当時は西ドイツ)のキール大学で、自然人類学の主講義を担当していたころのこと。

キールの冬は、朝は午前一〇時半ころに夜が明け始め、午後三時ころにはもう夜。ドイツでの生活習慣では、昼休みをたっぷりとるので、電灯の下での講義になり、その生活に慣れるまでは、まるで大学全体が夜学のような印象を受けたものだ。その分だけ、短い夏は白夜に近い。

人類学教室は建物の五階にあり、その北隣の地上は家畜学教室の放飼実験場だった。その広い実験場にオオカミやコヨーテ、テリアやチンなどからコリーやシェパードまで、五〇種類ばかりのイヌが飼育されていた。野生のオオカミやコヨーテが、どのようにして家畜のイヌになってきたか(家畜化)、その特徴はどこに現われるか、イヌどうしの系統はどうなっているか、ということなどが研究されていた。

講義も終わりころになると、まるで時計でも見ているかのようにそれらのうちの一頭が遠吠えを始める。すると、他のイヌたちもいっせいにつられて遠吠えする。まさに「一犬虚に吠えて、万犬実に吠える」だ。そのイヌの遠吠えは、まるで古里への郷愁か家族への焦がれか、もの悲しく切々と郷愁をそそる響きがあるので、それでなくとも早く帰国したい気持ちをいっそうかき立てられたものだった。

その研究担当者のヘレ教授は、家畜学とくに家畜化の分野では権威者で、その高名のほどは日本にいるときから聞き知っていた。よい機会でもあるので、あらかじめ面会のアポイントをとっておいて、お会いできることになった。

教授によると、「専門が違う分野どうしで、学問用語や術語や概念をみだりに転用するのは、たいへん危険だ。たとえば家畜学分野の概念である家畜化を、分野の違う人類学に転用するのはとくに危険だ」という。その具体的な例として、

①家畜学では、野生原種とその家畜が、イノシシとブタの例で見たように、イヌとネコほどの違いを示したとしても、種が変化（種分化）したわけではない。だからたがいに混血もできるのだ。であるなら、人類学でアウストラロピテクスからホモ・ハビリス、ホモ・エレクトゥス、ホモ・サピエンスへと種を進化させてきた現象（種の変化）を、家畜化の概念で説明するのは、矛盾していないか。

②多くの家畜化の例が示すように、家畜化は人間の経済目標から創り出された一種の不自然な生物で、いわば、野生の自然な生物から見れば病的で歪な動物だ。だから、生物にとってもっとも大切な脳中枢神経系は低質化し、消化器系はがたがた、心理的・行動的にも大きく変化をこうむっている。家畜化でこのような病的現象が見られる限り、人類進化には適用しがたいのではないか。

と指摘した。

筆者も日ごろ、学生たちにはある分野の専門用語を、みだりに他の分野に転用することは、カテゴリー・エラーを犯す危険性があるので、注意を喚起してきた。たしかに家畜化は、人工的環境が人間に及ぼす負の影響を知るよすがにはなる。しかし①や②のように、人類進化の説明原理にはなりにくいのではないか、とヘレ教授はいう。だからヘレ教授の人類学への指摘は貴重だが、筆者は以下のように反論を試みた。

①については、現代生物学と古生物学とでは、時間の観念が大きく異なる。家畜学は現代生物学のなかで考え、人類学は古生物学や地質学的時間も含めて、そのなかで考える。それ故、とくにヘレ教授がいうような矛盾は感じない。

②については、家畜学で扱う家畜化は、ほどんどが人為的に単純化された環境条件下で飼育されることから生じている。けれども人類の場合は人為的環境ではあるが、その中身は文化や技術による、時代とともにますます複雑化していく環境であって、家畜学でいう家畜化とはまるで逆である。

たしかに、先史学や考古学の発見が増えるにつれ、人類の進化速度と分化の発達度が偶然とはいえないほど見事に並行している事実を見ても、これらの事情はよく理解できるのではなかろうか。

4　カルフーンの「狂気のごとき社会」

現代人は、好むと好まざるとにかかわらず、その大部分が都市化した生活環境のなかで生活している。その都市の必然的性格として、人口の集中と過密化が見られる。したがって過密がそのなかにすむ生き物や人間に、無意識のうちにも大きな影響を及ぼしている事実も見過ごすわけにはいかない。それについては興味があり、考え方によっては恐ろしくもある報告がある。

カルフーン（Calhoun, J.）は、約一〇〇〇平方メートルの檻の中に野生の妊娠したドブネズミ五匹を放し、自然状態で個体群動態を二八ヶ月にわたって観察した。食物は豊富にあるし、ネコやキツネなどの天敵による捕食圧もないのに、どういうわけかネズミの個体数は約一五〇匹以上には増えない。飼育の方法によっては五〇〇〇匹でも増殖可能なはずである。なぜそのようなことになるのだろうか。

これまでにも、動物が一カ所に異常に多数集まると、行動学的に病的な状態を引き起こすことが知られている。これをカルフーンはbehavioral sink（行動的異常）と名づけた。順位とナワバリ、攻撃行動、性行動や育児行動などに、正常とは大きくかけ離れた異常を生ずるのだ。たとえばドブネズミは普通は一二匹くらいずつで部分的にコロニーを形成して生活することがわかった。ところがこのコロニーが維持できないほど過密になると、このドブネズミの集団ではたとえ食が足りていようとも、順位やナワバリは無視され、攻撃行動や性行動が大きく乱れてまさに狂気的状況に陥った。これらは明らかに異常な過密化から生じたものなのだ。

クリスチアン（Christian, J.J. 一九六四）のウッドチャック（リスの一種）の研究でも、過密状態になると、攻撃性と性的行動の暴発、それに伴うストレスなどが副腎を過負担にしていることがわかった。その結果、受胎率は低下し、罹病率は上昇し、低血糖による大量死などを引き起こして個体群は崩壊する。そのさい劣位の個体の副腎のほうが優位の個体よりも激しく活動し肥大していることから、優位個体が生き残るチャンスが大きくなり、それが自然淘汰の引き金になっているという。シカ、トゲウオ、ネズミなどでも、混み合いは仲間どうしの攻撃に始まり、さまざまな異常行動を経て大量死するが、同じメカニズムが作用しているのだろう。

人間の場合、嗅覚中心から視覚中心へと進化したことが知られている。もし人間がネズミのような嗅覚中心の生物であったら、人間は周囲の人間に生ずる情緒的な変化をいやでも感じ取ってしまい、それに左右されることだろう。それに比べると視覚は、はるかに複雑な情報をコード化し、抽象的な思考が可能になり、状況の判断から行動をコントロールすることもできるようになった。これに対し嗅覚は、情緒性が深く、官能的には満足のいくものであるが行動のコントロールがむずかしい。だから、視覚中心になった人間は、嗅覚中心の動物たちと異なり、外的条件に対して心理的にはるかに広い許容性と適応能力を示せるようになった（第Ⅲ章一―1参照）。

それ故、人間をネズミその他の哺乳類と同列に論ずることはできないし、刺激の受け方も違うので同じような刺激が人間ではどのようなストレスになるのか、まだよく研究されていないし不明のままだ。また、過密が人間に影響していることは日常の経験から理解できるが、これも正確な科学的データはない。

5 産業社会で骨抜きにされた人間の姿

自己とは何かについては、個体性の進化とその確立との関連から見てきた(第Ⅰ章二―6)。その立場から見ると、個体性にも各生物によってレベルの違いがあることがわかった。その話の延長として、ここでは現代社会が人間の個体性つまり自己というものをどのように規定しているかを眺めてみよう。

自己を代弁するもの

都会という都市構造はいつころから出現したのだろうか。社会学的な定義はあるのだろうが、少なくとも本格的に都会といえるには社会構造として工業や製造業、商業やサービス業などのような第二次～第三次産業が発達していなければならず、であるならば、産業革命以後ということになるだろう。それを人間に主軸を置いて考えてみると、産業組織に組み込まれて生活している人間の姿が見えてくる。それは社会主義とか資本主義といった体制とはあまり関わりがなく、都会という社会構造と関係がありそうだ。

先に、生物は自然や環境に対して、いつも受け身でこね回されているばかりでなく、自己の主体性を主張していると述べた(第Ⅱ章三―3)。しかし人間の場合には、文化的にいよいよ複雑になる社会のなかで生きるうちに、主体性が縮小し、あるいは分断される様相が出てきた。つまり、活動する社会の分野や職業や階層などで分断されて、社会的な分業が当たり前になると、その一部の役割だけしか分担できなくなってしまった。経理部門のプロでも、製造部門にいけば足手まといになるようなもの。ちょうど、見かけは社会性動物のハチやアリに見られるような、不完全な部分的個体に似た状態（第I章二―2）に逆戻りした感じがする。

わかりやすいように、企業という組織を例にとって考えてみよう。各人はその巨大なシステムの一部を構成している。社員はすべていずれかの職場や職種や職階が割り振られていて、各人がその機能を全うすることによって、システムは円滑に動く。社会というシステムに拡大して観察しても同じことがいえる。個人はまるで時計のなかの一個の歯車のようだ。

では個人には全人間的な主体性はまったく存在しないということか。組織か個人か。組織があって個人なのか、それとも個人があって組織があるのか。個人主義か全体主義か。グローバルに見て、今日でもまだ社会や国家の体制はほぼいずれかに二分されている。

このようなシステムのなかでの個人（個体性）の位置づけは、会社か個人か、社会か個人か、全体か部分（個）か、のいずれに重点を置くかにより価値観はもとより社会体制や国家体制は大きく分れる。しかし社会主義や資本主義の違いを問わず、産業構造をもった社会では、いずれもひとしくいよいよ個は全体に飲み込まれ、小さな部分になってしまった。この「全体か部分か」の二者択一的な理解の仕方は長年、哲学者や思想家を悩ませてきたテーマでもあった。

その難問を、ケストラー（一九〇五〜一九八三、ハンガリー生まれの科学評論家）は「全でもあり個でもある」というホロンの立場から解決したのだ。たとえば企業のなかで、課長は自分の配下の課長補佐や係長や社員を束ねている点では全体だ。だが上を見ると、自分は直属の部長の構成員（部分）である。その部長は……と、組織はどこまでも広がっていく。このようなホロンとしての仕組みは、生物学*や医学や工学その他、広く社会の構造やシステムや人間関係にまでも見られることがわかった。そしてこの考え方は、経営論などにもホロニック・パスとして利用されるようにもなった。

しかし最近のように、コンピュータやラン（LAN。企業内などの総合的な情報通信ネットワーク）などが発達してくると、ピラミッド型の組織もかならずしも有利とはいえなくなってしまった。情報は上意下達や下意上達のチャンネルよりも、自由かつ直接に各メンバー間に行き交うことが可能になったのだ。社長の意向は直接一般の社員に通ずるし、一般社員のアイデアや意見は直接上層部に伝わる。このようなシステムが当たり前になってしまうと、企業内や社会内での個人の在り方、したがって個体性も違った姿になってしまうだろう。今まさにそのような時代にさしかかっているのだ。

*たとえば生物学では、一個の細胞は細胞内の核や染色体や遺伝子やＤＮＡから見ると全体だが、その細胞は筋組織や神経組織などの部分であり、それらの組織は器官の部分であり、各器官が集合して個体を形成し、各個体は集団の一部であり、とどこまでも広がっていく。

稀薄になった主体性

ドイツ生まれのマルクーゼ（Marcuse, H., 一八九八〜一九七九）は、第二次大戦中にドイツからアメリカに亡命し、戦後もそのままアメリカで活躍した。彼によると、「人間が作り出したはずの産業社会が、その主人公の人間をはじき出してしまっている（人間を疎外している）というが、人間は産業社会のなかでは、はじき出されるべき自己すら見失われてしまって、産業社会体制に完全に吸収されてしまっている」という。だから自己を証明するものは、自分が所有しているモノ（商品）、たとえば高級車や邸宅などにより決められるようになったという（しかし、反論がないわけではない。精神医学や心理学の側からは、自分自身が持つ不安を、モノの所有によって置き換え、解消しようとする行動と見ることもできるというわけだ）。

いずれにせよ、本来の自己は内に缶詰にされてしまっていて、外からは見えにくくなってしまっている。外に現われている見かけだけの自己は、物欲や虚栄や名誉欲のような仮の自己もしくは偽りの自己にすぎないという。そのような自己だから、新商品や刺激的なＣＭなどにより、いよいよあおり立てられる。おまけに、この種の欲望はあおられると留まるところがないという厄介な性質を持っている。こうして生じた過度の欲望は、精神医学的にはすでに病気なのだ。

さらに、これらの欲望達成には友さえ裏切りかねない。現代人は好むと好まざるとにかかわらず、生活のために企業や産業社会という組織に組み込まれている。そのような組織内では、個性の発揮とか創造性とか生産性の向上といった美名のもとに、じつは仮借なき競争の原理が鼓舞されいよいよ本来の自己や人間性は変形もしくは喪失し、正常な人間関係は損なわれ、いびつになっていくという。

産業主義がモノ中心であり、それが自己のアイデンティティの指標になり、一方ではモノに対する執着や欲望がすべて満たされるはずもなく、その分が欲求不満となり、それが社会的な犯罪の潜在的原因になっているという点では、日本でもまったく事情は同じではないか。

『引き裂かれた自己』の著者レイン（Laing, R. D. 一九六五）の視点に立って考えると、現代社会のなかで生きる現代人は、多かれ少なかれ、このような状況のなかに押し込まれてしまっていて、それが原因でアメリカでは低年齢層の自殺や精神障害、性犯罪やドラッグやアルコール中毒患者が激増しているのだ、という。

ここに「真の自己」を喪失した産業社会に生きる人間の姿を見ることができよう。あるいは真の自己を主張しにくい社会になったのかもしれない。いささか強烈な見解ではあるが……。

第Ⅲ章　矛盾を抱え込んだネアンデルタール人

しずかに

江原　律

ほほえんでいる　ひととひとが
きずつけあう　ひととひとが
だまってしまう　ひとりで
つかれている　みんな
やみはじめる　しずかに

誤解のないようにことわっておくが、本書で強調してきたのは科学や技術を否定するのではなくて、科学や技術がすべてだという、いささか極端な考え方（これが意外にも多い）に対して反省を加え、科学や技術を社会や思考のパラダイムのなかに正しく位置づけ、新しい見方を提唱したいということでもある。

今まさに、現代人は進化史的にも社会史的にも、新しい段階に入ろうとしている。二〇世紀は産業化や科学主義がいよいよ強化されると同時に、一種の分極化が見え始め、優れた哲学者や思想家は、新しいパラダイムを提唱し始めた時代でもあった。

すでに触れたことだが、進化史的に見て人類の次へのステップは精神・文化次元から発する。テイヤール・ド・シャルダンはオメガ点を想定し、そこで人類は神と遭遇するという。その結論の正否はべつとして、新しい人類は、手の指が四本になるとか、頭頂部にトサカを生ずるというような身体的進化でなく、感性や精神面での進化を意味する。

人間は本質的に自己矛盾を抱え持っている。人間誕生のさいに有意味だった諸特徴が、進化とともに自然と文化、理性と感性などが発達し、人間が向上進化すればするほど、人類が人類になったときに欠かせなかった特徴とのあいだに亀裂が生じ、それらはしだいに大きくなり、いよいよ修復が困難になる。つまり自己矛盾はますます増大して、人類もしくは人間は、完成とはほど遠いちぐはぐな存在にならざるを得ない。

このようなことから、哲学や思想は人間を克服し、新しい人間像の確立に力を注いできた。その第一の現われがデカルト主義の克服、つまり心身二元論とその克服がそれである。

ニーチェは「人間はまだ確立されていない動物」といったが、人間の必然的属性から永遠に確立されることはないだろう。それどころか矛盾はいっそう拡大する宿命を持っている。

一 人間であることが人間を否定する皮肉

初期のほやほやの人類（猿人アウストラロピテクス類）が所有していた諸特徴は、それあるが故に人類になり得た特徴ばかり。不利な特徴があれば、その多くは淘汰され除去されていたはずだ。でなければ人類そのものが淘汰されていたことだろう。

ところがその後、人類はいちじるしい加速的進化を遂げて、せいぜい四五〇万年くらいでサピエンスになった。そのさい、かつては生存戦略上不可欠だったはずの特徴が、進化とともにしだいに不要になり重荷になってきて、今ではのっぴきならないほど困ったものになり果てて、現代人を悩ませているものも多くなった。人類になるために必要であった特徴が、今では人類を苦しめるものになったというわけで、いうなれば人類であるがための宿命的な自己矛盾を抱え込んだということになる。困った特徴だからといって、その特徴を除去することは人類の存在を否定することになってしまう。

だから、進化は生物にとって都合がよく、恩恵を授けることばかりではない。このようなことから人間の場合、皮肉なことに一方では神を求め、他方では自己否定や悪魔の道をひた走る弁証法的な存在になった。

以下に、人間にとってこのような自己矛盾ともいうべき具体例について、幾つか考察しておこう。

1　未熟児を産むようになった人間

出産形態のアナゲネシス

哺乳類レベルで見ると、下等な種（食虫類や齧歯類など）や肉食性の種（ネコやキツネなどの類）などでは、数匹の産児が未熟状態で生まれてくる。体毛が十分生えていなかったり、目が閉じたままだったりで、みずから行動することはできず、一塊りになって蠢《うごめ》いているだけだ。このような状態では餌探しも移動もすべて親がかり他人任せ。繁殖戦略から見れば不利なことはこのうえない。このような状態で出産するのを就巣状態（または巣ごもり状態、nesthockernd）という。

それ故、この不利を改善すべく、たとえ産児数を減らしてでも完成度の高いコドモが産めるように向上進化（アナゲネシス）した。それが高等哺乳類（ウマやシカなどの有蹄類や霊長類）とよばれるグループである。よく知られているように、ウマやシカなどは生まれ落ちるとすぐに自力で立ち上がって、母親のあとについて歩くまでに完成している。サルたちでは生まれたばかりのアカンボでも、自分のほうから自力で母親の背中や腹にしがみついて、樹上や地上を問わずいつも母親とともに移動をともにする。このような出産を離巣状態（または巣離れ状態、nestfliehend）という。このような繁殖戦略、つまりつがい行動や出産や子育てが、それぞれの動物たちやサルたちの社会構造と密接に連動して進化してきたことはいうまでもない。

このような進化の流れのなかで、人類はどうか。まるで進化を逆戻りでもしたかのように、サルたちのなかでとくに人類だけがサルたちの離巣状態を通り抜けて、ふたたび就巣状態で生まれてくる。自力ではなに一つできず、手足をばたばたさせながらただ泣きわめくことによってだけ意志を表示する。なぜこのようなことになったのだろう。その理由は、ほぼまちがいなく生物界では異例なほどの脳の発達と、直立二足歩行という絶妙なバランスを要求される難度の高い運動様式と無関係ではない。

この二大特徴は人類レベルに到達して後に、わずか四五〇万年くらいのあいだに、急速に獲得されたものである。その出発点になったものは、ゴリラやチンパンジーと共有していた土台だ。とすると、一〇ヶ月という妊娠期間はそのままで、人類だけが脳の大化と直立二足歩行という過大な成長シナリオを課せられたことになるだろう。つまり、そのようなきびしく制約された妊娠期間では、この課題を十分に果たすことができず、未熟のまま産み落とす羽目になってしまったのだ。だから人間の場合は、生まれてから一〇ヶ月ほどは胎児の成長パターンをそのまま引きずっており、ほぼ一〇ヶ月経過してようやく他のサルたち並みの離巣状態に達する。スイスの生物学者ポルトマン（前出）は、この期間を胎外胎児とよんだ。だから人間では生まれたての赤ん坊はまだ胎児なのだ。

人間の赤ん坊に手がかかるのはこのような背景があった。このことがさらに、人間の深層に思いがけないほどの深刻な影を落とすことになった。それは人類が人類に、人間が人間になるべく避けられないことだったとはいえ、そのまま現代人の深層にも残っており、折に触れ表面化して現代人を悩ませ、現代人の深刻な重荷になったのだ。

仲間意識と自己主張と

人間の赤ん坊が未熟状態で生まれ、自力ではなにひとつできないということは、他者への依存性や集団への帰属性一〇〇パーセントの状態で生まれてきたことを意味する。それを拒否することは死につながる。身体的・心理的成長とともに自我も成長し、自己がしだいに明確になる。そして三〜五歳ころに、周囲に対する最初の自己主張の爆発が第一反抗期となって現われる。さらに成長が進むと、思春期ころにふたたび第二反抗期が出現する。それらを経過してほぼ一人前のパーソナリティが形成されるというわけだ。

この精神の成長過程をいささか比喩的に、一本の物差しに託して説明してみよう。出産直後のアカンボは左端に位置する。ここでは一〇〇パーセント帰属性であることを意味する。ただし正常な成人では、もはやこの位置にある人はいないだろう。もしいたならばただちに入院しなければなるまい。というのは、一〇〇パーセント依存性とは完全に自己を他人に預けた状態で、言い換えれば自己を喪失した状態を意味するからだ。

一方で、物差しの右端は一〇〇パーセント自己主張だ。つねにそのような状態の人もいないはず。もしおれば、やはり入院もしくはしかるべき施設に入所して、心理カウンセラーのお世話にならねばなるまい。集団的・社会的生活が送れないことを意味するからだ。ということは、正常に成長した人は、この両端のない物差しのあいだのどこかに位置していることになる。だから人間は、相反する両方の性質を合わせ持っており、その割合は人それぞれで、それがその人の基本的な性質を決定している。そして、依存性の極に近い人ほど協調性や従順性が高く、自己主張の極に近い人ほど頑固で融通性も少ない。

仲良しグループや派閥的行動や熱烈なファン心理、愛郷心や愛国心、民族精神などをみると、いずれも内に集団帰属性を持ち、仲間意識の強化に役立っており、その分だけ外に対しては排他性を示す。このような傾向が同族心や民族心の強化に役立ち、生存競争のきびしい旧石器時代には、団結心として生存戦略上、大きな役割を果たしてきた事情についてはすでに述べた。東西の冷戦構造が崩壊して、ようやく平和な時代がやってくるかと安堵したものの、むしろもっと深刻な地域紛争が世界各地で噴き出してきた。いずれも対応を誤れば、ふたたび世界戦争にもなりかねない深刻なものばかりだ。それらの傾向は、人間精神の深いところではすべてつながっていて、人類出現以来のマグマがずっと燃え続けていたというわけだ。

平和と人間の精神の救済を目的とするはずの宗教までもが、自分たちは正統グループであり、他は異端もしくは異教徒だとして排斥する矛盾が、数度の十字軍遠征となり、今もまだ教徒間の戦火が絶えない。それというのも精神の深層では、このような理性以前の衝動がマグマとなって燃え盛っているからなのだ。

権威に麻痺しやすい人間

以上の話のなかで、人それぞれが物差しの両極のあいだで、どこかの目盛りに位置していて、それがその人の基本的な性格を決定していることはわかった。だが、その位置は固定しているわけではない。協調性や従順性が高いおとなしい人でも、状況によっては梃子でも動かないほどかたくなになることがある。かと思うと、口を利くのも嫌になるほど頑固で自己中心的な人間が、場合によっては借り猫のように聞き分けがよく従順になることがある。つまり、その占めている位置が絶対的に固定しているのではなくて、状況によって変動しやすいことを示している。

煽動者が壇上で声を張り上げる。間を取り声に抑揚をつけて演説するうちに、老若男女を問わず職業や教育レベルが違っても、しだいに演説に引き込まれ、ついには一語一語聞きながらうなずくようになる。その分だけ聴衆の分別は眠っていく。つまり、個々人の精神は集団に帰属して打って一丸となり、「軍旗はためけば、分別はラッパのなか」になってしまう。号令があれば「火のなか、水のなか」になる。容易に狂信状態にもなる。

フロイト左派の社会心理学者フロム（Fromm, Erich. 一九〇〇〜一九八〇）を一躍有名にした『自由からの逃走』によると、大衆の無意識的な精神構造は、自由と自立が与えられると逆にその重荷と不安に耐えかねて、権威への服従や画一性への同調をみずから進んで求めるようになるという。このような深層心理は、人類が人類になったときから植え付けられた宿命的なものだということもよく理解できるだろう。

「長いものには巻かれろ」の心理

エール大学の心理学者ミルグラム（Milgram, S., 一九六六）は、この辺の事情をもっと端的に実験で証明した。白衣をまとった、見るからにいかめしい実験者が、心理テストに応じてきた市民に対して、

「ある男に問題を解かせるが、間違いをするたびにスイッチを押して順に電圧を上げていき、電気ショックでその男を罰してほしい」

と、おごそかに命じた。この電気ショックがあるレベル以上になると危険で、男はショック死するかもしれないと注意されていたにもかかわらず、六〇パーセントの善良なる市民は致死以上の電気ショックを与えたのである。ただし、実際にはいくらスイッチを押しても、男には電気ショックが届かないからくりが仕掛けてあったのだが、応募してきた市民たちは、このからくりを知るはずがない。

この実験では、命令者（権威）とそれに服するものの関係がよく示されている。この結果は、人

間の本性が残忍であるということを示しているのではなくて、科学や学問のためとか真理探究のため、あるいは正義とか義務とか忠誠とかの旗印（つまり理由付け）があると、人間はだれでもごく簡単に個人的な判断や分別を放棄して、残忍な行動をもとりうることを示しているのである。中世の魔女裁判などもこの例に含まれるが、煽動者や予言者や政治家たちが、歴史上どれほどうまく善良な一般市民をリードしてきたか、それらはすべて人間のこの本性が利用されたのだ。

しかし救いもある。同じ実験でミルグラムは、

「男が問題をまちがえたとき、どのスイッチを押してもよい」

と命じた。するとほとんどの市民は、電気ショックができるだけ軽くてすむように、低い電圧スイッチを押したというのである。

2　言葉は神からの贈物か足かせか

少しでも外国語を学んだ経験のある人は、だれもが不思議に思うことがある。英語でもドイツ語でもフランス語でも、一年間や二年間くらい学んだところで、実社会であまり役に立ちそうもない。

ところが、物心がつき始めた子どもときたら、まるで乾ききった砂漠の砂が水でも吸い込むように、言葉が身についていく。特別に努力しているようには思えないのに、そのコドモの言葉の

習得能力たるや、神秘としか言いようがない。だから、あれこれ思弁したあげく、人間だけが持つこの神秘な能力は、神から授与されたものにちがいない、とジュースミルヒ（Süßmilch, J. P., 一七六八）らは考えた（神授説）。

これに触発され反発したロマン主義者のヘルダー（Herder, J. G.）は、難解ではあるが有名な『言語起源論』（一七七二）という本を書き、人間が言葉をしゃべるのは、人間には理性や精神があるからだと反論した。だがその理性や精神の起源はというと、やはり神に行き着かざるを得なかった。

W・フンボルトもヘルダーに続いて、この問題に挑戦したが、結局は「人間であるためには言葉を持たなければならない。その言葉を持つためには人間でなければならない」という堂々巡りの不可知論に陥らざるを得なかった。それ以来延々と繰り返される、実証を伴わない思弁だけのこの種の論議には、パリ言語学会もすっかり音をあげて、「以後この種の論議は、学会としては取り上げない」とまで宣言せざるを得なかった。

このタブーも、一九六〇年代以降に霊長類学が誕生すると、アメリカのガードナー夫妻やプレマック夫妻のチンパンジーの言語実験により切り崩された。それまでは、チンパンジーに人間語を教え込もうとしたところに最大の失敗の原因があった。ここでも人間中心の実験計画が目立った。だが謙虚に考えてみよう。西アフリカのジャングルからジェット機で、大学の研究室に連れ込まれ、ジャングルではまったく必要がなかった人間語の修得を強要されるなんて……。

発想を替えて、ガードナー夫妻やプレマック夫妻は、口から耳へのチャンネル（音声言語、しゃべり言葉）でなく、目で見てコミュニケートする身振り言語（視覚言語）を中心に、言語能力を調べたのだ。

この実験を皮切りに、今では詳細に紹介する必要もないほど、チンパンジーの言語能力は自明のものとなった。つまり、今までは言語は人間に特有の、神から授けられた才能もしくは神秘としか言いようのない才能だったのだが、その牙城の一角は大きく崩れ落ちたのだ。

人類は言葉をもったおかげで、測り知れないほど大きな恩恵をこうむった。言葉のおかげで、さまざまな経験が個人のレベルに留まらないで、広く仲間や子孫に伝達され蓄積され整理され組織化されて、部族や人類共有の知識や財産になった。

言葉が人と人を結びつける役割を果たし、自集団の内部強化に役立っていることは、すでに述べたとおりだ。もっとも表があれば裏があるように、人と人を結びつける言葉が、その裏では使用する言葉が違っているがために、人と人を分け隔てる障壁にもなってきた。

だから、言葉が原因になって集団が孤立や隔離するばかりでなく、社会的な差別や対立や抗争の引き金になっていることも多い。たとえば、同じ日本語を使っている私たちの周囲を見ても、その使っている言葉から年齢や性別、職業や社会階層などまでが読み取れるほどだ。試みに、人が集まるところや駅や電車内などで、身辺に聞こえてくるしゃべり言葉を吟味してみるとよい。

第二次大戦後に、日本に進駐してきた米軍の高級将校が厳粛な会議の冒頭で挨拶した。その挨挨拶の締めくくりに、雰囲気がうち解けるようにとジョークのつもりで習い覚えたばかりの日本語を使ったものだ。それが祇園言葉だったので、日本人の参加者は彼が前夜どこでなにをしていたかがわかって、失笑したという。

3　論理階型の違いが発見された

エーゲ海の南部に浮かび、エーゲ文明の中心地でもあったギリシャ最大の島、クレタ島。そこの住人エピメニデスの名は、産出されるオリーヴ油にも劣らぬほどエピメニデスの逆理（パラドックス）で有名。その逆理とは「クレタ人エピメニデスは『クレタ人は皆、うそをつく』といった」というもの。この表現は正しいだろうか。エピメニデスのいうとおりなら、この陳述はうそになり正しくないし、彼がまちがっておればこの陳述はうそでなく正しい。後々大切になってくるので、ちょっと立ち止まってよく吟味しておいていただきたい。

このパラドックスはギリシャ時代以来、二〇〇〇年にわたって人々の頭を悩ませ、他人をたぶらかし、あるいはギャグやユーモア、落語などの「落ち」として人々を楽しませてきた。だが、このパラドックスのどこに論理的な欠陥があるのだろうか。

今世紀の初めになってようやく、英国のホワイトヘッドとラッセルは、共著の『数学原理』のなかで論理階型理論を打ち出し、このパラドックスの不備を解明した（一九一〇〜一九一三）。つまり「クレタ人エピメニデスは、『クレタ人は皆、うそをつく』といった」のパラドックスのなかで、「　」の部分は『　』内の部分を一段上から見下ろす一方で、『　』の部分が「　」の部分をなかに引きずり込むところに、パラドックスが生じている。それというのも、「　」と『　』の中身は論理階型のレベルが違っているからなのだ。

別の具体的な例で考えてみよう。わが家では一匹のダックスフントを飼っている。その名はダック。このダックをもって、犬という言葉（概念や観念）と置き換えるわけにはいかない。犬という言葉（概念）には、柴犬もシェパードもマルチーズも、白犬も黒犬も赤犬なども含まれているだろうが、いずれもダックそのものではない。言葉の犬は抽象化されて頭のなかにいるが、ダックは庭にいて吠えている。つまり、犬という言葉（概念）とダックは論理階型を異にしているのだ。

ベイトソンによると、「ものの名前（この例では犬）は、名づけられたもの（この例ではダック）とは違う。ものの名前は名づけられたものより一段高い、別の論理階型に属する」という。「ブタやココナッツのことを考えている人間の頭のなかに、ブタやココナッツはない」というわけだ。コーズィブスキーによって有名になった「地図は土地ではない」の意味も、これでよく理解できる。庭に降り積もっている雪は冷たいが、雪という言葉自体は少しも冷たくないのだ。言葉は本質的に現実のメタファーだということがよくわかる。ここをはき違えるととんでもないことになると、ベイトソンは警告する。

4　ベイトソンの警告

ベイトソン（G. Bateson, 一九〇六～一九八〇）の専門は何かと聞かれると、返答に窮する。ケンブリッジ大学で動物学と遺伝学を修め、大学院では文化人類学に転向し、女流文化人類学者M・ミード（Mead, M., 一九〇一～八四）と精神分析学的手法を用いながら、ニューギニアやバリ島で共同調査。その斬新な論法は今も高く評価されている。一九四六年以降はサイバネティックスから精神病理学に興味を持ち、ダブル・バインド理論（後述）を発見し、精神分裂症状の発病メカニズムを解明。一九六三年以降はイルカのコミュニケーションを通じて論理階型論に基づく、斬新な学習理論を展開。この経歴を見てもわかるように、学問的放浪にも似て一定の落ち着いた肩書きがない。その宇宙規模の視野を持った探求心は、一大学の一講座に主任教授としてちんまりと収まることは不可能だったのかもしれない。だからこそ、専門分化を遂げた狭い穴蔵のような世界の論理では達し得ない、広大な世界を見ることができたのだった。

彼が書き残した書物は、数少ない。だが、そのいずれもダイヤモンドの輝きを持っている。ここで彼の仕事をつぶさに紹介することはできないが、以下に述べる彼の警告は、研究者や学者ばかりでなく、なにごとにも知的な興味を持つ向きには大いに役立つことだろう。

たとえば、一匹のオスイヌを二つの異なった条件刺激、たとえば円と楕円に対して、別々の反応をするように訓練する。イヌの反応のなかにこの区別が見られたとき、イヌは二種類の刺激を識別したとされ、餌によるプラスの強化がなされる。実験者はしだいに円と楕円の区別がしにくい図形を提示する。ついにイヌは識別できない状況に陥る。そのとき、イヌは実験者に噛みつくか、餌を拒否するか、命令に逆らうか、昏睡状態になるか、そのイヌの気質によりさまざまだ。この実験で、研究者によって二通りの表現がされる。一方では「イヌが二つの刺激を識別する」、他方では「イヌの識別が崩れる」という。「イヌが識別する」から「イヌの識別」という言い方に移行しており、具体的な行動から抽象的な世界に移っていることがわかるだろう。イヌが識別するのを見ることはできるが、イヌの識別は目で見ることができない。ここで、論理階型が飛躍していることがわかる。

さらに大切なことは、イヌのコンテキストのなかには、イヌが実験という性格を知って行動していることが多い。人間であれ、動物であれ、実験という関係で結ばれた両者のあいだには、チェックすべきコンテキストが見え隠れしながら、ふんだんに入り込んでいることを無視してはならない。サルやチンパンジーなどでは、なおさらのことだ。

5　論理階型ではコンテキストの認識が大切

面倒がらずにもう少し辛抱して、これからの話を聞いていただきたい。ホワイトヘッドとラッセルは、論理階型の理論を解明したことで終えてしまったが、ベイトソンはこの理論の重要性にすぐ気がついた。彼はこの理論をさらに現実と照合させ、補正し、応用する道を開いたのだ。すると、驚いたことに彼が研究を始めたイルカたちでも、サルでも人間でも、このパラドックスがいたるところで観察され、絶えずイルカやサルや私たちの頭を混乱させていることがわかった。具体的な例を挙げてみよう。

今、ここに一匹のニホンザルのコドモAがいるとしよう。そこへコザルBがやってきて、Aに「遊ぼう」というメッセージを送る。Aはそのメッセージが、威嚇か、攻撃か、餌ねだりか、遊びの誘いか、瞬時にして判断しなければならない。

コザルたちの攻撃や遊びは、たがいに組んずほぐれつ、追っかけ、噛みつき、引き倒す。その行動は攻撃でも遊びでもまさに紙一重の違い。では何を基準に、彼らは送受されたメッセージを遊びだと判断し合ったのだろうか。

AもBも幾つかのメッセージを、コンテキストのなかの行動というかたちでそれぞれ記号化して、そのメッセージの束を持っている。Bが遊びのメッセージを送ると、Aはただちに手持ちの記号化したもののなかから、遊びのカードを選ぶというわけだ。このさい、各メッセージとその記号化されたものとは、論理階型が違う。これをメッセージのメッセージ、つまりメタ・メッセージという。相手からのメッセージを見て、直面しているコンテキストを理解したり、遊びかけんかを瞬時にして了解するというわけだ。このようにしてコザルたちですらも神秘的なほどの能力でもって、さまざまの異なる論理階型を処理していることになるから驚きだ。

だがときには、そしてこのほうがはるかに多いのだが、その論理階型が異なるだけならともかく矛盾し合うことがある。ベイトソンはその重大性に気づいた。

6　日常化した論理階型のねじれ

彼はイルカにもサルにも論理階型の違いやズレやねじれがあることを発見した。だがこのような現象は、人間ではことのほか大切で、精神構造の特性だとさえいうことができ、むしろ精神の構造には不可欠な必要条件だと考えてもよいという。そのくせ、論理階型のレベルを充分認識しなかったり、ねじれや矛盾に気がつかなかったりしたことが原因で、フラストレーションやノイローゼ、果ては分裂症に陥ったりするという。

人間のコミュニケーションには二通りあって、身振りのようなアナログ的メッセージと言葉を媒介とするデジタル的メッセージとがある。先ほどのコザルBが発したメッセージなどはアナログ的で、それが何を意味するかは、コンテキストを理解することで了解される。そのデジタル化したものが言葉だといえよう。だから、デジタル的メッセージつまり言葉と、それが指し示すものとのあいだに必然的関係はなく、取り決めにすぎない。だから記号や言語になった言葉はメタファー的で、たとえば氷や雪という言葉は実際に冷たいわけでもないし、また雪をスノーとよぼうがシュネーといおうが、名づけは自由である。それに引き替え、アナログ的メッセージは、表情や身振り、声の強弱や抑揚、触覚や匂いまで含まれ、図像的メッセージともいわれている。詩や幻想や踊りなどの芸術もこの部類にはいるだろう。

かつてこのような問題をめぐって、デカルトとパスカルのあいだで大きく意見が分かれた。デジタル的知を重要視するデカルトは、自然の認識には幾何学と測定だけを根拠にすべきだといい、アナログ的知を強調するパスカルは、「情感にはデカルトのいう理知では看取し得ない独自の理がある」と主張した。また、デカルトは『情念論』のなかで、涙が出る原因とメカニズムについて、生理的・物理的な説明に終始し、パスカルに言わせると、まるで蒸気ポンプを説明しているようだという。パスカルは「人間の悲しみや涙は、繊細の心によらねば解釈できない」と主張したのである。近代科学への路線は、この辺りに分岐点があったといってもよいだろう。

日常生活のなかでは、デジタル的メッセージとアナログ的メッセージのあいだでねじれを生じていることが多い。表現されている言葉と現実のあいだにねじれを生じやすいのだ。このような状況に直面すると、「冗談だろう?」とか「ほんとは何が言いたいのだ?」といった確認の繰り返しは日常茶飯事だ。本音と建て前、ふざけと本気、腹芸どうしのやりとりなど、意識的に利用していることも多い。

このような論理階型の違いによる表現のねじれや混乱したメッセージを、ベイトソンはダブル・バインドとよんだのだ。サルたちの遊びを観察していても、それは攻撃行動と紙一重だが、サルたちはきちんと区別している。とすれば、ベイトソンが言うように、表向きの行動よりも、コンテキストの理解こそが大切だということになる。サルたちでも論理階型の違いを認識しているのだ。そのコンテキストが理解できなくなったとき、フラストレーションやノイローゼに陥るのは、サルでも人間でも同じなのだ。

レストランでテーブルにつく。ウェイトレスがやってきて、「何にしましょうか?」とたずねる。料理の名前か、無料のサービス・ランチがあるのか、自分をだまそうとしているのか、ベッドへの誘惑か、彼女の意図をそのアナログ的なコンテキストから判断するのがふつうだ。それさえ判断できなくなったとき、もはや正気ではない。分裂症患者は、このような状況に置かれると考え込んでしまって、行動ができなくなる。

一つのコンテキストのなかで異なる論理階型があって、それがねじれているとき、それをダブル・バインドというのだ。机に向かって仕事中に子どもが遊びをせがんでまといつくと、背中は「うるさい!」と表現しながら(アナログ的)、言葉では「おりこうだからね」という。だが、子どもは敏感にアナログ的メッセージを受け取ってしまう。このようなダブル・バインドの連続が、子どもの心理に敏感に深刻な影響を与えてしまう。

だとすると、日常的に好むと好まざるとにかかわらず、言語に大部分依存しながら生活している人間は、いつも大なり小なりダブル・バインドの状況にさらされていることになる。組織や企業や社会がいよいよ複雑になってくると、このようなことが原因で、心理的・精神的に負担を感じたり病んだりする人も増えてくるのは当然であろう。

二　ちぐはぐな人間の行動

1　なぜ人間はポルノグラフィを好むのか

いつ見ても、駅の売店や書店の入り口近くの書架には、客引きよろしくポルノまがいの週刊誌が並ぶ。飛ぶように売れるからだろう。だが、絵や写真にしても話の内容にしても、べつに真新しい耳寄りの情報や珍しい新奇な情報が盛られているわけでもないのに、相も変わらずなのはなぜだろう。

いくらインパクトがあったとしても、情報という点だけでなら一度買えば十分のはず。同じような内容の繰り返しなら詐欺まがいだ。しかし、これには思いがけない深いわけが隠されているのだ。

哺乳類のなかで、サルの仲間は嗅覚を犠牲にして、視覚を充実させるように進化してきた。地上と違って、樹上生活では遠近の見分けが匂いよりも大切なことはいうまでもない。それには、ウマのように左右に離れていた両眼が、合い寄って正面を向き、左右の視野が大きく重なり合う必要がある。そのさいに同じ物体の像が、左右の眼球の網膜上でわずかなズレを生じている。そのわずかなズレが脳のなかで、経験的に編集されたマニュアルに従って遠近に翻訳されるという仕組みなのだ。だから、左右の眼にまったく別のものが写っていたのでは話にならない。ウマが一匹のハエに驚いて棒立ちになるのも、そのハエの像が片方の目だけに映って、遠近や大きさの見分けがつかないからなのだ。

このようなことから、サル類では左右の両眼が合い寄って正面を向くようになった。そのさいに両眼のあいだに挟まれた嗅脳は退化縮小してしまった。サルや人間の嗅覚がイヌやネコなどの哺乳類にかなわないのは、このような理由による。

おまけに高等なサル類では、夜行性から昼行性に進化し色彩感覚が付加した。もともと夜行性ではかりに色彩感覚があっても無用の長物だ。だから夜行性動物では、体毛色も地味なことこのうえもない。それに比べると、色彩感覚が発達した昼行性の生き物では毛並みや羽の色は派手なものが多い。それを日ごろの生活に利用しないてはあるまい。トリたちは派手でよく目立つカラフルな羽毛でメスを誘う。ヒヒやニホンザルのメスは真っ赤に腫脹した外陰部で交尾季の到来をオスにアピールする。性の刺激は嗅覚よりも視覚、つまり「嗅ぐ、嗅がれる」から「見る、見られる」に変わった。

嗅覚は脳の古い部分（辺縁系）で処理されるが、視覚は脳の新皮質で処理されるようになったので、情報の質や量の処理ははるかに豊かになった。だから、「嗅ぐ」中心の哺乳類や下等なサル類ではポルノを見ても、性的に刺激されることはない。それに比べると、「見る」中心の人間では、新皮質でかなりの抑制が可能だが、どうしても興味をそそられてしまうというわけだ。しかし

「嗅ぐ、嗅がれる」のタイプほどには、生理的・官能的に直結してがんじがらめではない。「見る、見られる」のほうは、オス・メスの誘いがおしゃれに質的転化し、さらには彫像や絵画のような芸術的な美へと昇華する道も開けたというわけだ。

だが一方では、性的にだらしがない人物を「犬畜生並みだ」という。しかし生理的にきつく規制された犬畜生のほうがずっと始末がよい。派手な発情季だけ見ればふしだらにも見えようが、それはほんの一時のことで、その激情の時期を過ぎれば平穏そのものだ。その意味では、つねに交尾季になってしまった人間のほうが、はるかに始末が悪いのではないか。

2 人はなぜ殺し合う?

人が人を殺す。まことに人間的な行動

人類が人類として登場し、道具の製作や使用が日常化してくると、急に血なまぐさくなった。猿人段階のことだ。

それに比べると、ゴリラなどははるかに平和主義者だ。自然状態ではみずから進んで肉食しようとはしない。かなり徹底したヴェジタリアンである。だから、ゴリラは一九六〇年代以後調査が進められて、その実状が明らかになるまでひどい誤解を受けてきたものだ。

ビクトリア朝以来、英国の社交界や貴婦人たちの間では、ゴリラの容貌の怪異さと獣的な神秘さのために、醜悪とわいせつの代名詞として、あるいは暴力と残忍のシンボルとして、ハイエナやオオカミ以上に嫌悪されてきた。虫一匹殺そうとしないのに、である。

ゴリラと違って、チンパンジーはゲレザのような小ザルや小動物を狩りしては、肉食をする。他のサルたちは血みどろになるまで仲間どうしのけんかをする。多くのサルたちのなかには、子殺しという同族殺しを行なう。

人類ではどうか。進化の過程がしだいに解明され、彼らの生活や行動が明るみに出てくると、その恐ろしい実態を露呈し始めた。

猿人類アウストラロピテクスの最初の報告者ダート（Dart, R.）によると、発見された猿人たちのなかには、下アゴが叩き割られたもの、有蹄類の大腿骨で一撃を受けて脳頭蓋骨が陥没しているもの、脳頭蓋骨の一部が顔面にまでめり込んでいるものなどがある。

ペキン原人をくわしく研究したワイデンライヒ（Weidenreich, F.）も、五体分の頭蓋骨が鈍器のようなもので叩き割られ、こじ開けて脳をすくい出した痕跡を見出した。洞窟の底は彼らの墓所ではなく、用済みになった頭蓋骨を他の獣骨片などと一緒に投げ込んだゴミ捨て場だったのだ。

旧人類になると、ヨーロッパやアジアでも殺人例はもっと頻繁になり、しかも大量殺戮が増えてくる。人類は進化とともに、この忌まわしい罪を減らしてきたかというと、事態はまったく逆で、いよいよ規模が大きく頻繁になってきたといえる。

「このような非人道的なことは太古の話で、現代や私たちとはいっさい無関係だ」といって涼しい顔をしておられるだろうか。銃器や近代兵器が開発されるまでは、戦場では大殺戮といっても対面的に行なわれ、その規模は知れたものだった。しかし近代以降は不特定多数の敵を遠方から殺傷するようになり、現代ではまるでテレビゲームでもするかのように、コントロール室に据えられた盤上のボタンを操作するだけで、大量殺戮が可能になってしまった。そこには敵の、人間としての姿さえ消えてしまっている。

一九九一年の多国籍軍によるイラク攻撃（湾岸戦争）では、米軍は爆撃の状況をビデオで全世界に流し、その成果を誇った。一瞬、飛び交う花火のような華麗さに思わず歓声に近い声を挙げた。しかし、その着弾地ではまちがいなく人々の阿鼻叫喚があったことに思いを寄せると、鳥肌が立つ思いであった。

人類にとって、最上位のタブーであり、最大の罪悪であるはずのこのような殺戮行為が、なぜにこうも普遍的なのだろう。いや、むしろあまりにも普遍的だからこそ、もっともきびしい戒律やタブーが課せられてきたといったほうが適切かもしれない。そのようなことから、ドイツの人類学者ヴァイネルト（Weinrt, H.）は、逆説的に「人が人を殺す。これはまことに人間的な行動だ！」とまでいったのである。遺跡などで同族殺しの痕跡があれば、そのサルはヒトと断定してもよいというわけだ。

では殺人は人類の奥底から発する本性のようなものだということなのだろうか。大切なポイントなので、もう少し突っ込んでこの問題を考えてみよう。

なぜ、殺しの歯止めがなくなった？

生まれつき大きな角や鋭い牙や爪を身に備えている動物は、同種の相手を死に至らしめないための、絶対的な歯止めを持っている。たとえばヒヒやニホンザルなどでは、「もはやこれまで」と観念したときには、相手に赤い尻を差し向ける。その行動が示されると攻撃は中止され、マウンティング（馬乗り行動）により勝者と敗者が決まり、争いは終わる。このような行動を儀式化（ritualization）という。オオカミは勝者に向かって頸部を差し出す。イヌやネズミなどはひっくり返って下腹部を相手にさらす。イノシシは樹液で毛や皮膚を固めて肥厚した頸部を、相手の牙で刺させて争いは終わる。

しかし、このような危険な武器を身体からいっさいなくしてしまって、いわば武装解除してしまった丸腰の人類は、一見平和な動物のように思えるが、逆に仲間殺しが激増している事実をどう解釈すべきなのだろうか。人類には、もはや相手の攻撃を中止させる歯止めとしての儀式化された行動はいっさいなくなってしまったのだろうか。

絶対的とはいえないが、人類にも歯止めがないわけではない。どのような人類集団も、サルたちやその他の動物のように、太古から同族殺しやどうし討ちなどのくり返しで、生存のための活力を失ったり、内部崩壊したりしないように、集団の掟や社会的な規制が行なわれてきたはずである。

そしてそれらは反社会的行動を戒めるタブーや良心として集団の秩序となり、集団のメンバーはそれに従ってきた。猿人たちも牙と爪の論理を放棄したときから、この種の社会戦略を採ってきたことはほぼまちがいない。でなければ、人類になった時点で衰退と絶滅の道を進むことになっただろう。しかし、それが絶対的な歯止めになり得ないようなことが、猿人たちのあいだで発生してきていたのである。

猿人たちはせっせと道具を作り、それらを器用に扱う術を身につけた。それは巨大な角や牙や、鋭利な鈎爪の代わりをするどころか、手の延長上で、さまざまな用途に応じて形を変え、ナイフやハンマーやスクレーパー（掻器）、掘り棒や突き棒などになった。それまでは猿人たちはまだきびしい自然条件をうのみにして、自然に従いながら、他の動物たちのように自然存在として生きてきた。しかし、猿人たちはしだいにその自然に対して自己主張をし始めた。道具を利用し、技術を身につけることにより、自然に立ち向かい始めたのだ。効率よく獲物をとらえ、皮を剝ぎ、肉を裂くのに、それぞれに適した道具を利用した。木の根を掘り、堅果を叩き割って実を採りだし、堅い殻で包まれた草の穀粒をすりつぶすのにも道具を使用した。道具は、猿人たちにとって生きていくために欠かせないものになってしまった。

ところが、頻繁に起こる仲間どうしのわずかないさかいに、いつも身近にある石斧が相手の頭上に振り下ろされることもあった。相手をめった打ちするのに掘り棒が転用されることもあった。道具さえ使わなければ相手に致命傷を与えることもなかったし、またできなかったであろう。こうして本来は生きていくために必要な、平和的な目的のために作られたはずの道具が、仲間どうしのいさかいにも、いとも簡単に転用されるようになったのだ。

これはもはや生物界を逸脱してしまった文化次元の行動である。だから進化はこのような脱自然的な、いうなれば人間次元の攻撃行動を阻止するだけの効果的な歯止めを、人類に組み込むことができなかったのだ。であるならば、道具をいかに使用するかは、それを創り出した人類の側にある。それを平和的に使用するか、殺戮に転用するかの選択は、自然の側ではなく人類の側にある。

論理階型の適用

たしかに人類にも争いにさいして、幾つかの攻撃の歯止めはある。たとえば武器(道具)を投げ出し、相手の足下にひれ伏す行動だ。ふつうならこれでかなり相手の怒りを沈静させ、攻撃心を和らげることもできよう。あるいは争いが生ずる前に、それを避ける儀式的な行動もある。たとえば、相手に対して敵意がないことを示したり、和解するときに見られる行動として、右手を上にあげたり握手を求めて相手に差し出したりする行動だ。

だが、これらの行動に、どれほどの歯止め効果があるかは歴史を見るまでもなく、身辺で毎日のように発生している事件を見ただけで明らかだ。かりにこのような制御反応がかなり効果的だったとしても、対面的でない相手や、眼前にいない不特定多数の相手に対する攻撃性に対しては、何の効果もない。

しかしなぜ、このようなことが可能になったのだろうか。

ある人たちは、人類の奥深く潜んでいる、のっぴきならない本能のせいだと考えている。人類学の長老であるシカゴ大学のウォシュバーン(Washburn, S.)教授や、『狩りをするサル』の著書で日本でも有名になったロバート・アードレー（Ardley, R.）、動物行動学でノーベル賞を受けたローレンツ（Lorenz, K.）、精神分析学の創始者フロイト（Freud, S.）たちは、肉食は「殺し」を前提としなければならず、それは破壊本能や攻撃性という人類の深層から発したものだというのだ。ではなぜ、人類が人類を殺す以上に、もっと徹底した肉食であるはずの「ヘビがヘビを殺し、ライオンがライオンを殺す」ようなことが見られないのだろうか。

だから、社会心理学者フロム（Fromm, E.）は、「人が人を殺す」のは、本能とか攻撃性などに根ざすのではなく、人間的な「理由づけ」によるものだという。つまり殺人には、かならず人間的な動機があってのことであり、理由なき殺人は病的異常な行為で問題外だ。どの殺人ケースを見ても、恨みやねたみや憎しみのような個人的理由から、思想や正義や信仰などの社会的理由まで含めて、じつにいろいろな理由があり、その理由に基づいて殺人が行なわれているという。

アブラハムが、我が子イサクの喉をかき切って神に捧げようとした行為には、宗教的な動機があり、その宗教的行為としては至上のものとしてたたえられるかもしれない。けれどもそのような理由づけを持たない別の宗教や文化圏の人間にしてみれば、身の毛もよだつような話だ。正義という信念のもとに、敵地で切り死にする行為は勇者としてたたえられるだろうが、別の価値観を持った世界から見れば、蛮勇としか思えない。

たしかに人が人を殺すには、その人間的な理由もしくは動機があってのことだが、しかし理由があれば人間は殺しが可能だというところに、問題があるといわねばなるまい。

さて、肉食の前提になる「殺し」についてだが、ローレンツは動物の深層に潜む攻撃性に原因があると考えている。しかし果たしてそうだろうか。フロムもいうように、狩りで獲物を仕留める殺しは、闘争で相手を殺傷するのと同質ではない。たとえば、ネコがイヌに襲われたときに示す反撃の表情や姿勢や行動は、ネコがネズミを狙って捕獲するときの攻撃とは、生理的・心理的に大きな差があり、質的に別のものだと考えたほうがよい。人間の場合も同じで、狩りをして獲物を仕留めるのと、争って他人を殺めるのとは、同じ攻撃という行為であったとしても中身はまるで別である。ここには論理階型のズレが読み取れる。

「獲物を仕留める」という行動と「他人を殺める」という別種の行動を、論理階型では一段階高い「攻撃性」という抽象概念にまとめ、その攻撃性という概念から逆に両者を同質化して見るという論理的な誤謬を侵しているからだ。

いずれにせよ、どのようにかけ離れた文化や社会集団でも、人類である限り、自分が属する社会や集団のなかでその社会や集団の掟に反して人を殺すことは、もっともきついタブーになっている。社会や集団を維持していくための不可欠の生存戦略だといってもよいだろう。ところが、そのような社会的掟や道徳や正義や価値観は、その社会のなかでこそ有効だが、別の社会や集団に対しては、逆に危険な衝動を駆り立てる火種にもなる。異端という名のもとに、多くの人を凄惨な死に追いやった数々の宗教的紛争、好戦的な指導者の熱血的な演説で他愛もなく集団全体が催眠状態になったり、集団的ヒステリーになったりして、限られた時代の限られた社会の正義だとか大義名分の旗のもとに、相手ばかりかみずからも死地に追いやった例は数え切れないほどある。現に今も、世界各地の紛争地帯では、同じようなことが繰り返されているではないか。まさに「軍旗はためけば、分別はラッパのなか」なのだ。

「なぜ、人を殺めることがいけないいか」

(1)動物行動学の立場からみると

最近、思考実験として「なぜ、ヒトがヒトを殺すことがいけないのか」という質問がよく提起される。物騒なのは、それが現実の事件となって頻発していることだ。あるいは逆で、大した動機もなしに行なわれる殺人から、このような物騒な問題提起がなされるようになったのかもしれない。ここにも、人間なるが故に賦課された矛盾の一つを見る思いがする。

まず、これを動物行動学の立場で考えてみよう。当然のことながら、人間も他の生き物も同じように個としても種としても、その「生」を全うしようとする。だから同種殺しや仲間殺しなどのような、種の内部から崩壊していくような行為は、生物学的には特別の理由がないかぎり、回避するメカニズムが発達しているものなのだ。さもなければ、種としての存続は保証されず、進化の流れのなかで早々と淘汰されて姿を消してしまっていたことだろう。

人間になってからも、人間が生き物であることを止めない限り、この種の生物としての論理を、精神の深層において引きずってきている。しかしその論理も、きわめて人間的な憎悪、怨念、怨恨、敵愾心、金銭や痴情のもつれなどの炎がメラメラと燃え上がったときには、手もつけられなくなる。

シャニダール洞窟では、すでにこのいずれかが原因で殺し合いがあったことについては、すでに述べた（第Ⅰ章一―2）。猿人や原人のレベルでも、頻繁に殺人のあったことが報告されている。

近東の紛争時、完全武装の兵士が子どもたちまでを狙い撃ちしているシーンを見た。その兵士の頭のなかには、自分は正義の遂行者だとの信念があったのであろう。もしその理由づけなしに狙撃していたのならば、その兵士は狂気以外のなにものでもない。もともと戦争なるものは両陣営とも正義を唱え、ほとんどが正義と正義の衝突ではないか。もっともその正義の中身はきわめて相対的で、また独りよがりのものが多い。歴史がそのことを証明しているではないか。

これらの行動は、攻撃本能や破壊本能というよりも、人間がちょっとした煽動や思い込みや頑固な信念にもすぐ分別を眠らせてしまって、催眠状態に陥りやすいことを示している。これはすでに述べたように、人類が未熟状態で生まれるようになった幼児時代の絶対的な依存性と無関係ではあるまい。人間は自分の属する社会や権威に対して、自分を捨てて帰属しようとする傾向とも関係がある（第Ⅲ章一―1参照）。

だから、ある集団が戦争や紛争に巻き込まれて、興奮状態からヒステリー状態になったとき、個人の意志や分別などひとたまりもない。いささか逆説めくが、このような状態で行なわれる殺戮行為に比べると、個人的な恨みや憎悪、痴情や物欲しさからの殺人など、高の知れたものだ。

個人的理由であれ、集団として増幅された動機であれ、殺人は攻撃性とか破壊性といった生物的な深層から発したものではなくて、ヴァイネルト（Weinert, H.）やフロムがいうように、きわめて人間的なレベルから発したものだと結論せざるを得ない。人間はそれを文化的・精神的に克服すべき矛盾した問題として賦課されることになった。生物的に、というより精神的・文化的に克服すべき宿命を持ったということか。生物としての論理と精神的・文化的・サピエンス的（人間的）論理を、両方とも人間は抱え込んだために、ときにはこの二つの論理がねじれることがあり（むしろねじれているほうが多い）、それがヴァイネルトの「人が人を殺す。それはまことに人間的な行動だ」になったのだ。

どうやら人間は、生物レベルから精神・文化レベルへと進化してからというもの、多くの宿命的な難題も抱え込むことになった。

(2)脳の構造からみると

人類も含む霊長類は、爬虫類の段階からネズミなどの下等哺乳類、ウマやシカやサルなどの高等哺乳類へと一歩ずつ進化の階段を昇りつめてきた。それにつれて、身体の各部分を、それぞれの生活や運動様式にかなうように古い形や構造を改造してきた。ところが、脳だけは改造するというよりも、もっとも古い脳幹を包むように爬虫類の脳（R複合体）が、その外側に下等哺乳類の脳（大脳辺縁系）が、さらにその外側に高等哺乳類や霊長類や人類の脳（大脳新皮質）が、単純に三層に積み上げられてきた。つまり高等哺乳類や霊長類の脳では、三階建ての構造になっており、

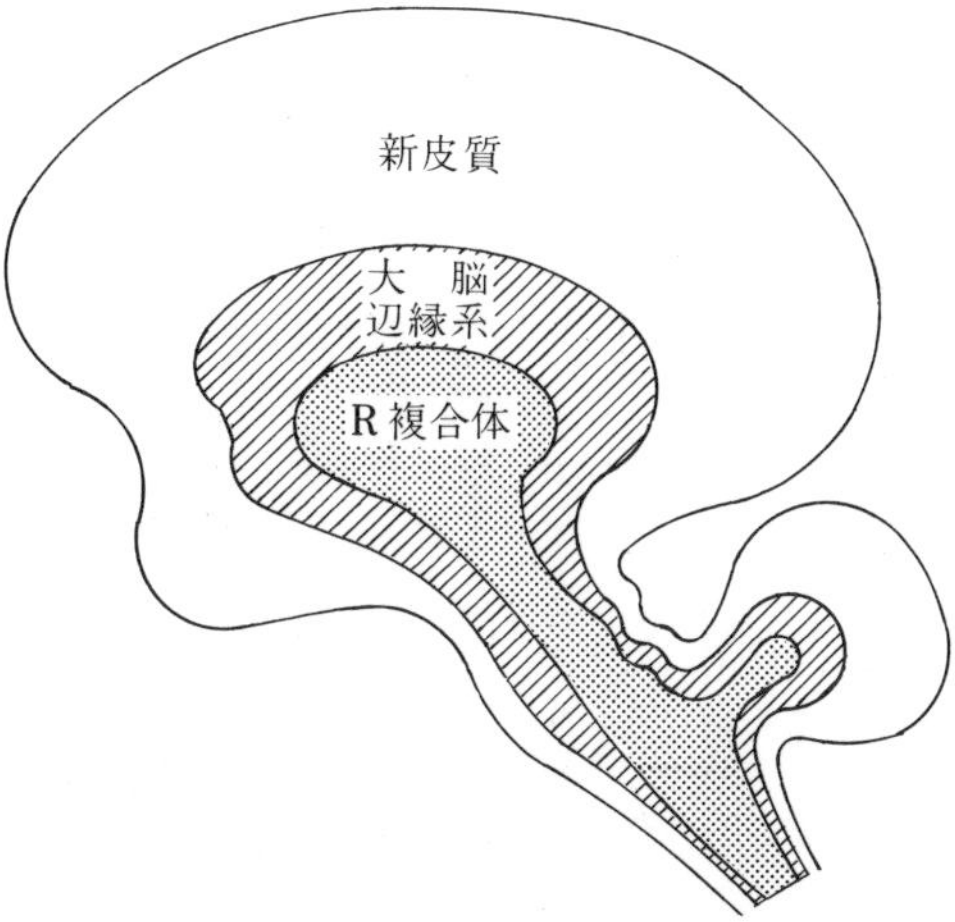

図5　脳の進化(マクリーンによる)

人類の脳には爬虫類脳(R複合体)、大脳辺縁系(旧哺乳類脳)、新皮質(新哺乳類脳)が層状に包み込まれていることを示した図。マクリーンによる。R複合体＝攻撃性・順位性・儀式化・性などの衝動源。大脳辺縁系＝喜怒哀楽の情緒源。新皮質＝知的活動の発信源。

いうまでもなく人類では新皮質の部分が爆発的に膨隆したというわけだ（図5）。

このような構造になっているので、脳は腎臓や肝臓のように均質構造ではない。つまり、多くの分化した機能が構造的に組み込まれているわけで、脳全体が知能の火花を散らすわけではない。だから脳の大きい人は、その分だけ頭が良いということでもない。

約二五〇万年前の猿人類では、脳の大きさはゴリラやチンパンジーをやや上回る程度の六〇〇ccほどだった。それが原人類では九〇〇〜一二〇〇cc、旧人類ネアンデルタール人では一四〇〇〜一五〇〇ccで、現代人と変わらないほどの大きさになった。つまり、猿人たちと現代人とでは、せいぜい二〇〇万年くらいのあいだに、脳は二倍半以上も大きさの違いを示すようになったのだ。そして、新皮質だけでじつに脳全体の八五パーセントを占めるまでになった。だから、人類の脳の進化速度と増大率は「まるで過大成長した腫瘍のようで、不気味だ」という人さえいるくらいだ。

脳の専門家P・D・マクリーンは、これらの脳の内部構造の役割をじつに巧みな表現で説明している。脳幹部には動物が生きるべく欠かせない心臓の運動や血液循環や呼吸調節を行ない、生殖や自己保存に不可欠の中枢が集中している。この部分をマクリーンは自動車のシャーシーにたとえた。高等哺乳類で、この部分だけ残すと「運転手がいなくて、アイドリング（エンジンの空回り）している自動車のようなもので、進行もしなければ行き先もない状態に似ている」という。この脳のシャーシーをコントロールするものとして、爬虫類脳（R複合体）と旧哺乳類脳（大脳辺縁系）と新哺乳類脳（新皮質）という三人の運転手が関わっている。

爬虫類脳は、今もなお人間の頭の中で爬虫類的に働いている。攻撃性やナワバリ争い、儀式化した行動や社会的順位争い、性行動などに大きな役割を果たしているらしい。それを覆う部分が旧哺乳類脳で、喜怒哀楽や快・不快などの情動や欲求と深い関係がある。だから、この部分が薬物などで刺激されると、愉快になったり、恐怖に駆られたり、サイケデリックな幻覚を生じたりする。だから、たとえば精神安定剤はこの二人目の運転手に働きかけ、なだめる作用がある。

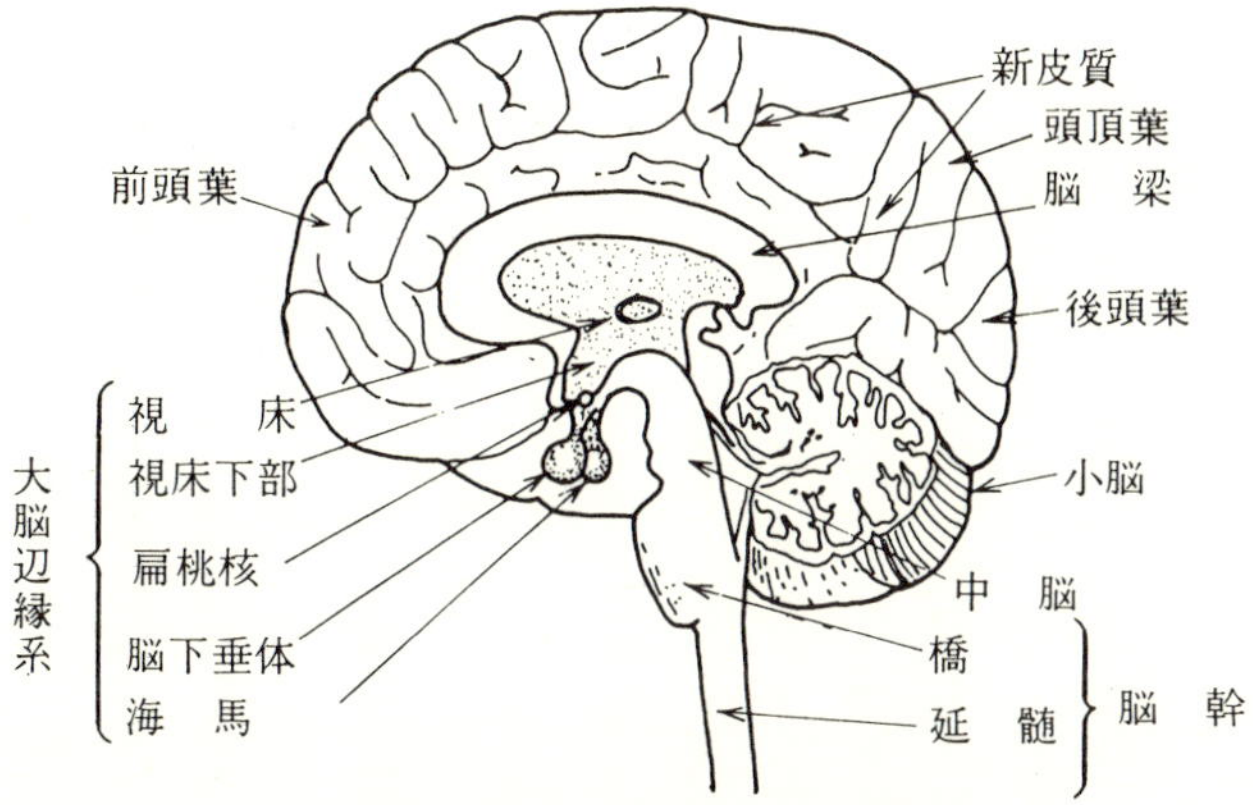

図６　現代人の脳の矢状断面図

この辺縁系は、日常の生活を理解するのにも便利なので、もう少しくわしく見ておこう。この部分は視床・視床下部・扁桃核・海馬・脳下垂体などからなる（図６）。脳下垂体は身体全体の内分泌系の総元締めで、ここから出るホルモンによって、機嫌がよくなったり悪くなったり、気分が左右されたりして、精神状態と深い関係がある。海馬と扁桃核は爬虫類時代の嗅覚から分化したもので、もともと嗅覚とは深い関係がある。そして、海馬は性行動と、扁桃核は菜食行動や攻撃性や自己防衛と関係が深い。たとえばイヌが小便で「匂いづけ」して、自分のナワバリを確認したり、餌となる獲物や外敵を嗅覚で察知しながら行動するが、それは扁桃核による。また、近くに発情したメスがいると、その匂いが解発因（同種の動物間で特定の反応や行動を誘発する要因。行動学用語）となってオスも発情するが、それには海馬が関わっている。

人間でも嗅覚と性のあいだには、まだ結びつきが若干残っている。そしてどうやら、男性は女性の匂いに、女性は男性の匂いに敏感のようだ。

最後に爬虫類脳や旧哺乳類脳をすっぽり包み込んで、新哺乳類脳（新皮質）が発達した。敏捷になった運動や、複雑で高度な行動と対応して、眼や耳や体中からの情報を、活発かつ適切に処理するようになる。

さて、ここでシャーシーを操縦するR複合体、辺縁系、新皮質という三人の運転手の顔が揃った。この三人の運転手の役割を、セックスに例をとってみるとわかりやすい。まず、R複合体がキーを差し入れ、エンジンをかけ、シャーシーでセックス衝動のアイドリングを高める。R複合体はいよいよ強くアクセルを踏む。辺縁系は高まったセックス衝動に情感を加えてセックスを加速させる。新皮質は愛とか嫉妬とか独占欲や不倫その他の社会的刺激を配慮しながら、いよいよ自動車を加速させるか、減速させるか、それとも停止させるかの切り札をにぎっている。その成り行きは、まさに新皮質という運転手の判断と力量にかかっている。それがどのようなものか、読者の内省か体験にお任せしてもよいだろう。

ここでわかることは、この三人の運転手のあいだは、あまりしっくりいっていないということだ。情緒と知性、情熱と理性、信念と論理がいつも相剋することに悩む人間には、もともとこのような進化的欠陥を持っていたのだ。「馬鹿野郎！」という言葉を聞けば、新皮質で理解し、辺縁系で増幅し、R複合体で行動に出る。このちぐはぐさが矛盾の根源の一つになる。

ヴァイネルトの「ヒトがヒトを殺めるのは、まことに人間的な行動」と逆説的に表現した背景には、このようなことがあったのだ。これをコントロールし、正しく行動するには人間の精神が先行せざるを得ない。その精神は各民族や部族の価値観で築かれ、あるいは社会的教育に拠らざるを得ない。

人間が文化的存在になったということは、このような問題をも抱え込んだということにほかならないのだ。

第Ⅳ章　見えてきた曙光

波間に

江原　律

水蒸気でなく
氷でもなく
水　その波間に
ひとつの星を浮かべて
ここに置いたのは　だれ？
そして
いのちの雫を
そっと落としていったのは　だれ？

一　現代人を超越する指針を求めて

1　人間の深層の世界

「生の哲学」に属する著名な哲学者たちは、ヨーロッパ各国に広がって存在しているが、そのフランスの代表者の一人であるベルクソン（Henri Bergson, 一八五九〜一九四一）は、ドイツのニーチェ（Nietzsche, F W. 一八四四〜一九〇〇、生の哲学の一派）などとともに、とくに二〇世紀前半の日本の知識人たちにも、広く大きな影響を与えた。

この思想によると、人間は自分で自分のあり方や将来が決定できる。そしてその決定には、何者にも（神にも政治や社会にも）妨げられることなく、精神的にまったく自由であり、また自由であるべきだ。だから、フランスの生の哲学者ベルクソンは「人間であるとは、人間になることだ」という。まさに神や歴史や経済や社会にというよりも、人間に軸足を据えた考え方だといえよう。この点において、人間や人間の意識が社会関係のなかでのみ形成されるというマルキシズムとは大きく袂を分かっている。

かりに現実問題として、ベルクソンの考えを字義どおり解釈して、成り行き任せに生き、低レベルの精神的生活を送ったとしても、たしかに出発点とは違った人間になってはいるが、期待で

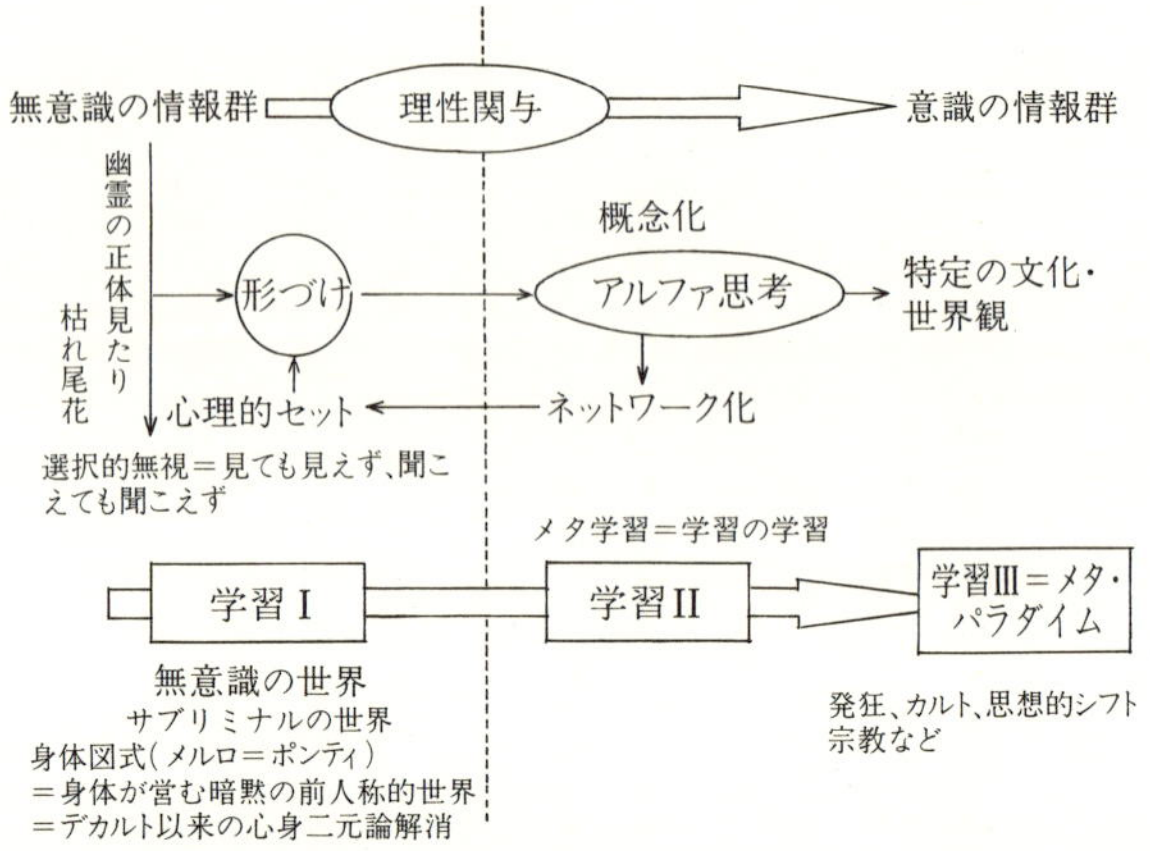

図７　無意識の世界から意識の世界へ（学習Ｉ～IIIは表３参照）

きる人間とはいえないはずだ。

　このベルクソンの命題は、発達心理や精神分析の側からも、裏付けることができる。今度はその側面から考えてみよう。

２　形づけ（幽霊の正体見たり　枯れ尾花）

　夢を見たことがある人ならだれでも経験したはずだが、とっくに亡くなったはずの人物が目の前に現われて話しかけてくる。あるいは遠い子どもだったころのことが、現実味を帯びて身の周りに起きている。だが、その夢のなかでは何の疑念も違和感もない。時間は超越してしまっているのだ。あるいはまた、今ここにいた自分がいつの間にか舞台が変わって、遠く隔たった別の土地にいる。ここでは空間的な制約もないのだ。

　無意識の世界でも、これと似たことが起きている。最初は無意識レベルの情報群は、まるで万華鏡の像を見ているように意味がない。時間や空間の制約も、できごとの因果関係や歴史性も存在しない。それはちょうど生まれたての人間の赤ん坊と同じで、自と他、自分と自分を取り巻く周囲の状況との区別すらない。この状況を物理化学者ポランニー（Polanyi, M. 一八九一〜一九七六、ハンガリー生まれで、後にイギリスで活躍。暗黙知の哲学を構築）は次のように説明する。人間はごく幼い時期に、このような万華鏡のようにしか見えない身の周りの世界つまり情報群を、体験的・経験的に身につけた心理的セット（時間や空間の意識、できごとの因果関係や時系列の解釈など）をフィルターにして、不要な情報は切り捨てたり無視したりしながら組み立てることを覚える。このプロセスをバーフィールド（Barfield, O.）は「形づけ」とよんだ。そのさい、選択的に無視された情報は「見るものも見えず、聞こえるものも聞こえず」ということになる（図7）。

3　リアリティの正体（実証性と意味）

このようにして幼児は、感じたり見たり聞いたりしたものを、自分なりにまとめて自分なりの日常世界を構成していく。これが精神的成長とよばれるもので、このようにして人間は人間になっていくのだ。また、このようにして人それぞれの観念つまり信念が強化され、その信念が同じプロセスで自分流の日常世界を拡大していく。それ故、人間は生きているかぎり「成る」こと

表3　ベイトソンの学習理論

学習Ⅰ（原学習）

1．パヴロフ的学習（自分の行為が積極的に関与しない）。
2．何かすることで報酬が得られる道具的学習。
3．道具的回避の学習コンテキスト（一定時間内に棒を押さないと電気ショックが与えられるような）。
4．反復学習のコンテキスト（単語Aをいったら、次に必ず単語Bをいうように強化される。）

学習Ⅱ＝メタ・メッセージの学習

刺激が繰り返されるうちに、学習Ⅰによる反射行動が次第に速くなるのは、学習者が原学習のコンテキストの性質を発見理解したからだということが発見された。いわば学習の学習を行なった。

学習Ⅲ＝メタ・コミュニケーション

学習Ⅱの破綻や行き詰まりから脱却するのが学習Ⅲ。個々の学習Ⅱでも見られる。人間では新しい世界観やパラダイムを持つとか、宗教的回心（悟り）とか、カルト的になるとか、フラストレーションやノイローゼや分裂症的世界に入る。

を避けるわけにはいかず、人間は人間にならざるを得ないのだ。

このようにして形成される世界を、私たちはリアリティ（現実）とよんでいる。だから、その世界やリアリティは、人間がいてもいなくても存在するようなものではなくて、人間がいることによって初めてリアリティとなる。人間がいなければ、その人間のリアリティや世界は存在しない。「経験」がその人間の人格や精神を築き上げていくというわけだ。

この考え方は、第Ⅱ章四で述べた環境の新しい理解の仕方とそのままつながる。リアリティとか世界とか環境などの概念は同じカテゴリーに属する事柄なのだ。

ついでながら、このことは私たちに別の深刻な事実を提示する。私たちは経験に基づいて世界観や合理的な思考体系や科学的体系を作り上げることはわかった。だからそれらが普遍性と論理的一貫性と客観性を持っているといって威張ったところで、それらはつまるところ信念や個人的な「経験」の問題であり、理性が関与できない非合理的な無意識の世界から、自分流に切り取ったものだということになる。つまり、経験による事象はすべて主観的なのだ。だから、科学者や技術者が胸を張っていう客観性というものも、出発点から主観がからんでいて、純粋に客観的とはいえなくなってしまった。

よく「その指摘は科学的ではない！」といって、相手を沈黙させることが多い。まるで科学がいつの間にか、かつての神の座についたかのようだが、その科学でさえも、ある約束ごとの範囲内での普遍性であり、その範囲内で客観性と論理的一貫性が保たれているにすぎないということなのだ。

あまり深入りしたくはないが、現在では哲学や自然科学でも見解は収斂して一元化する傾向にあり、主観とか客観の境界線もきわめて曖昧になってしまった。たとえば前述の一九世紀のドイツの哲学者ニーチェは「事実など存在しない。あるのは解釈だけだ」と断言した。二〇世紀に入って、量子力学の先駆者ハイゼンベルク（Heisenberg, W. 一九〇一〜一九七〇）も、みずからの実験をとおして不確定性原理を発見して以来、「私たちが観察しているのは、自然そのものではなく、私たちの探求方法を通して見た自然だ」という。ニーチェの指摘を「客観的事実など存在しない。

あるのは自分の目を通して見た事実だけ」と読み替えると、ハイゼンベルクの考えそのものとなり驚きを覚える。

ほぼ同時代のユダヤ系のドイツ哲学者フッサール（Husserl, E. 一八五九〜一九三八、生の哲学の一派）は、主観の外に客観的な事物や世界が存在するかどうか、それがいかに在るかは考えない（否定も肯定もせず判断中止）。だからいっさいの対象は主観という体験の領野に還元しようという（現象学的還元）。というのも、意識や体験の「外側」に存在するはずの客観には、触れることも考えることもできないではないか。

こう見てくると、根本的なところで、フッサールもニーチェもハイゼンベルクも、同じ認識の地平に立っていることがわかる。

真善美に関する学問的根拠についても、主観のなかに登場して体験され、そこで初めて、たしかにそうだとか、きれいだとか、さまざまな規定を受ける。だから、真善美も欲望も感情も、その本質は体験をじかに看取することにより考え進めることができるのだという。

ここまで考えてくると、思考プロセスは違っていても、なんとなく「人間こそ万物の尺度」といったプロタゴラスを思い出してしまう。したがって、プラトン的な呪縛から離れて、この時点でもう一度人間を再考してもよいのではなかろうか。

二　人間はまことに弁証法的な存在

1　私であって、私ではない

生きている限り、今の私と来年の私は同じであって、同じでない。厳密には身体の中身は時々刻々に変化しているし、今日経験したことは明日の私の人格の中身を変えているはずである。同様にして一〇年後の私は、私であることには変わりはないが、心身ともに今の私とは大きく違う。かといって、「私」なるものが消失もしくは霧散してしまったわけではない。「私は私であって、私ではない」ということだ。形式論理でいう「ＰはＰである」の同一律は成立せず「ＰはＰであり、Ｐでない」となる。

周囲との関係において、私というアイデンティティが決定されるとすると、家庭での私、電車内での私、職場での私は、それぞれに異なり、ここでの私とあそこでの私は同じであって同じではない。この例でも「ＰはＰであり、Ｐでない」だ。

私という自己同一性は保たれ維持されてはいるが、時間の経過や場所や状況を考慮に入れると、矛盾的になる。

人間は生まれたときから、心身の成長とともに人格が成長・形成されていく。その事情は静的な形式論理よりも、ヘーゲル的な弁証法的論理によるほうがはるかに現実的で理解しやすい。それ故これまでにも洋の東西を問わず、しばしば弁証法的な表現がなされてきた。たとえば、ギリシャの哲学者ヘラクレイトス（Herakleitos、紀元前五世紀のギリシャの哲学者）は、「何人も同じ河に二度とは入れない」といっているし、日本でも鴨長明の『方丈記』のなかで「ゆく川の流れは絶えずして、しかも、もとの水にあらず」も同じであろう。沢田英史『異客』は、この事情をきわめて美しく、短歌に託している。

その都度に　異なる我も行く川の　流れ優しき　一つ名を持つ
「わたくし」と　美しき名で呼ばれうる　ひとりの我の　在るかのごとく

2　形式論理では理解しにくい人間

この他にも形式論理がしばしば現実の事情や現象に適合しない例として、因果関係を示す「…ならば…である」がある。ベイトソン（前出）は、この差異について初めて明快に指摘した人物である。彼は「論理的な脈絡のなかでも、因果的な脈絡のなかでも、同じ言葉を用いる」ことには、つねに注意を払う必要があると指摘する。因果的な「ならば」を、論理的な「ならば」と取り違えると、とんでもないことになる。たとえば電気回路のなかでスイッチを押して、回路が接続されるならば、回路は切れる。回路の接続は回路の切断、つまりPならばPではない。しかしこの例のように因果関係を表す「…ならば…である」には、時間の要因が介在しているが、論理の「…ならば…である」は、たとえば「三角形の二辺が等しいならば、二つの角も等しい」のように、無時間的である。

同一律や矛盾律についても、無時間的・無空間的である点ではまったく同じだということは、すでに述べたとおりだ。人間という時間的・空間的に複雑きわまりない存在を考える場合には、とくに留意しておくことが大切だ。

3　一皮むけば、人間はエゴイズムの塊

「人間とは何か」を問う背後にあるもの

人類は人間として物心がついて以来、「人間とは何か」と問い続け、自己のアイデンティティにこだわり続けてきた*。洋の東西を問わず、時代を問わず、どの部族や民族でも、神話や伝説のかたちで自分たちの由来や出自を問い続けてきた。そして自分たちの祖先を明らかにすることにより、露骨に自民族・自集団の純粋性と優秀性を強調してきた。なぜだろうか？

生き物は本来、生きているかぎり、よりよく生きて自分の「生」を全うしようとする。そのさいに経験したことは、もちろんその生き物のレベルに応じた学習により、生きる知恵もしくはその生き物の分別となる。だから、知は経験を組織化し蓄えられた知識に留まらない。第一義には

生き物が前向きに（積極的に）生きていくための知恵とか分別に意味がある。つまり知には、蓄え（知識）と活用（知恵）の両方の意味がある。

人間について考えてみよう。自明のことだが、知の芽生えは遠い霊長類時代や哺乳類時代、さらにはもっと古い時代にまでさかのぼることだろう。

では、人間が「人間とは何か」と自問し始めたとき、生物として「生きる」ことよりも、知が隠し持っている「知りたい」という欲望、つまり知的満足やたんなる好奇心を充足させることがしからしめたのだろうか？　それとも、知の進化とともに自分自身をも知らずにおれない衝動が芽生えてきたということなのだろうか。しかし上述のように、知の出発点から考えて、そもそもの初めからそうであったはずはなく、もっと日常に即した生きる営みの機能を果たしていたはずである。だから、ソクラテスやプラトンがいうような、初めから「人間にだけ与えられた理性により、みずからを知ることに人間の価値があった」ということでもない。

＊拙著『人間はなぜ人間か』に詳細に論じた。

仲間意識を強化する

人類が人類になったころからゴリラやチンパンジー以上に、彼らはすでに家族とよべるような、社会構造を持った集団ごとにまとまって住んでいた。その状態はずっと時代が下がって後期旧石器時代（クロマニョン人）になってもほぼ同様だった。

その生活行動域のなかにある山や河や森、そこで収穫できる果実や木の実や穀粒その他の食用植物、肉や皮革を提供してくれる獣や魚介類などのいっさいの恵みは、先祖代々彼らが受け継いできた生きるためには欠かせない共同遺産でもあった。先祖たちの霊や言い伝えや掟は、いつもそのなかに生きており、生活の指針を示し、自分たちをも含めて生態条件全体を守護してくれている。いうなれば、彼らの生活域は祖先つまり部族神と自分たちと共同遺産とが一体化した一つの世界を形成していた。この世界のなかで生きる限り、蓄積されてきた経験や風俗・習慣・伝統や先祖伝来の言い伝えや伝承などをしっかり守っていさえすれば、生きていくうえで大きな問題はなかった。もし障害があれば早々と淘汰されたはずだからだ。彼らにとってはそれが知だったのだ。

きびしい自然環境下で、走りや瞬発力では有蹄類や肉食獣に及ばず、木登りはサルに劣り、水中ではワニやカバなどにかなわない体力的にも貧弱な人類が、そのような凶暴な外敵や動物たちを向こうに回し、それらと競り合い渡り合いながら食や住を確保し繁殖や育児を全うするには、すでに述べたように経験と工夫と知恵が欠かせなかったことはいうまでもない。

だがなににもまして、他部族の人間は猛獣以上に警戒すべき存在だった。まかりまちがえれば自分たちが住んでいる土地も、生活を支える野山の恵みやそこに生きる獲物たちも、根こそぎ奪い尽くされる危険があったからだ。そのためにも集団帰属心や同族心を強化し、一致団結して他部族に対することが不可欠だった。その中心になったのが、祖先を共有し同じ血で結ばれているという仲間意識だったのだ。

話は飛ぶが、これがやがて民族主義やナショナリズムの深層形成にもつながることになった。

よそ者と自分たちを差別する

人間がよそ者を警戒し、自分たちの集団内部を強化する理由や原因や根拠については、ある程度明らかになったことと思う。実例は山ほどあるが、具体的な例としてオーストラリア原住民の実例を見てみよう。

彼らのどの部族も、日課の大半は家族総出で食料探しに明け暮れている。そのさいどの部族も一年を五～七季節に分け、どの季節に何が入手できるかは地域により異なっている。気候についても、河川流域や海岸や草原地帯などで、いつが乾季でいつ雨季が始まるかも違っている。

だからアルンヘム地方のバルト族がカメやカエルを捕らえている時期に、キンバリー地方のカラジェリ族はカンガルーを捕らえている。そのさい、カラジェリー族の男がアルンヘムのバルト族のところへやってきて、たとえ悪意がなくとも、「カンガルーのほうが効率がよいから、そのようにしたらどうか」とすすめたとしよう。バルト族にしてみれば、カラジェリ族はうそつきか、悪魔か狂気か、財産目当ての乗っ取りか、詐欺師か盗賊の一味にちがいないと思うことだろう。

こうして他部族との接触は野獣よりも危険だとして警戒することになった。自分たちは、先祖代々の言い伝えや掟をしっかり守って生活しておればまちがいはないのだし、現にそのようにして何千年も生き延びてきたのだという自信と信念がある。

このような事情があるから、同族意識・血縁意識で結ばれた部族集団は結束も堅くて、周りの集団に対しては排他的になる。その隠れたメカニズムとしては、ニーチェ的な裏目読みの論法を借りれば、人間は自己陶酔的で自分中心的な屈折した心理を持っていて、自分のなかにある諸々の悪徳や憎悪をすべて他人に投射し、それが他人になったことで安心してその他者を憎み排斥する。そして、その分だけ自分は善良で純粋だと思いこむ都合のよい傾向がある。

血は水よりも濃し

このようにして、人類としての物心がつき始めた初期の人類では、「人間とは、その部族のメンバーであり仲間である」ことになり、さらに他の集団のメンバーは獣に匹敵するか、少しましでもうそつきか詐欺師か盗賊かにされた。

このような自己中心の考え方は、以下の例にも見られるように、現在でも「人間」という呼称にそのまま残っていて、たいへん興味深い。

ジプシー＝自分たちをロム、つまり「人間」とよび、他はガジェスつまり「敵」とよぶ。

パプア部族＝自分たちだけを「われわれ人間」という。

キクユ族＝自分たちの祖先をキクユつまり人間。

バントゥ族＝バントゥは人間を意味する。

ナバホ・インディアン＝ナバホという部族名は一七世紀にこの地を征服したスペイン人の勝手な命名。彼ら自身はみずからを「ディンネ」つまり人間とよび、この語は同時にナヴァホ全体の部族のメンバーをも指す。

エスキモー＝「生肉を食べる連中」の蔑称。みずからはイヌイットつまり人間とよぶ。
ア　イ　ヌ＝人間の意味。
エジプト人＝自分たちだけが人間。他国人は人間ではない。かなり露骨な民族中心主義が読み取れる。

ギリシャ＝自分たち、つまりギリシャ市民権を持つかギリシャ語を話すものを人間、他は異邦人バルバロスとよんだ。これが意味不明の言葉をしゃべる野蛮人バーバリズムの語源となった。しかし、ヘロドトスのように諸民族を比較する目をもっていたものもいる。

中　　国＝中華の思想。つまり、漢民族のみが優れた人間集団であり、周囲の部族は東夷・西戎・南蛮・北狄と動物にたとえさげすんだ。

日　　本＝都から遠く隔たった西の辺境では熊襲、東の辺境には蝦夷が住んでいた。

しかしギリシャ時代のヒポクラテスによると、民族の性格、習俗、精神的活動などは、風土や地理条件に影響される。それゆえ民族間の相違よりも人間としての共通性のほうが決定的だと考えていた。同じく文化の相対性を主張するソフィストたちも、すでにこのことに気がついていた。

4　世界宗教の誕生と人間理解の成長

人類史をひもとくとき、つくづく人間とはヒトという個体どうしの関係性つまり社会のなかで発達・成長してきたのだな、と思う。その社会集団が、それぞれ自己充足しながら孤立的に散在していた小さな狩猟・採集型の部族集団から、栽培・牧畜型の生産形態の発達とともにしだいに合流して大きくなり、古代都市が誕生したことは周知の事実である（紀元前三〇〇〇年ころ）。

当時は地母神や天空神や水神などを信仰する多神教が一般的で、合流によりいよいよふくれ上がった多くの部族を政治的・精神的・心理的に一つに束ねる必要が生じてきた。そのため都市には神殿が築かれ、天子は宗教儀礼を用いて、神々と人民とのあいだを取り持ち統一する役割を果たした。

このような状況のなかで、紀元前五一五年ころになると、全知全能の唯一神ヤハウェを信仰するユダヤ教が誕生しその基礎が固まった。当時、多神教が支配的だったオリエント世界で、ユダヤ教だけは唯一の一神教だった。この人類学的な意義はきわめて大きい。というのも、旧約的・ユダヤ教的一神教によると、その神はすべての人間の神でなければならず、唯一神ヤハウェを奉ずる人間は、すべてひとしく共通の神の子ということになる。そして、この神によって一体化した人間は共通の運命を持ち、初めて各部族や各民族による個別的な歴史を超えて、全人間共通の「世界史」が存在しなければならないという考えに、必然的に到達することになるからだ。

三　矛盾脱却への道を探る

1　情と知の亀裂と修復

すでに述べたように、もともと「知」はそれぞれの生き物にとって、生きるための戦略としての分別だった。みずからの「生」を全うすべく役立つ経験は、その生き物の分別として蓄えられてきた（第Ⅳ章二—3参照）。

その知自体が新しい性質を持つことになった。ギリシャ時代に入ると人間は生きるためだけの知でなく、その知を使って「知のための知」の世界を切り開き始めたのだ。そして知ることにより、知的満足をも求めるようになった。情動が中心のディオニュソス的な世界観から知による世界観へと人間の精神が広がった。この知のシフト（転化）を、ネアンデルタール人以降の人類史の上で、大きな節目の一つだと考えてもよいのではないか。

しかし良し悪しは別として、この時点を境として情動的・ディオニュソス的な価値観よりも、理性的・アポロン的価値観が勢力を持ち、重視されるようになった（ギリシャ時代後期。ソクラテスやプラトンなど）。そしてこれがきっかけで、情と知のあいだに亀裂が生じ、知の系譜は今日の科学主義・技術主義へとひた走ることになった。その結果、科学や技術の面では、人間はまさに天才的な能力を発揮してきた。とくに産業革命以後の社会では、発明や新製品や新素材の出現は引きも切らず、いつも諸手をあげて歓迎され、そのバックアップ機構としての社会や経済や日常生活も大きく変化してきた。それを私たちは人類の輝かしい進歩と見なしてきた。ところが、その華々しさの陰に隠れて、それに伴う致命的な負の効果や人間の精神構造の変化には目もくれず、いつしか人類は科学万能の呪術にからみとられてしまった。ちなみに今、その負の効果として、日常的に身辺で起きている産廃問題、自然破壊、環境汚染はもとより、教育の荒廃、破廉恥な行動、詐欺、狂信的なカルト集団、いとも簡単な殺人、これらのいずれを見ても、すべて究極的には人間の精神レベルに帰着する問題ばかりではないか。

たしかに科学・技術の貢献はいちじるしく大きい。しかし、宗教社会学のウェーバー（Weber, M., 一八六四〜一九二〇）も指摘したように、まるで科学や技術だけが世界を支え、進歩の指標であり、世界を豊かにしてきたかのような錯覚が怖い。その外側にはもっと広大な世界が展開していて、そこではむしろ個々人の思想や価値観や人間観のほうが大きな役割を担っている。ちょっと考えただけでも、各地でみられる地域紛争、宗教的・異文化的な衝突やエスニシティ問題、脳死や臓器移植、核開発や環境汚染、経済・政治などの戦略の舵取りには、いつも思想や価値観や人間観が先行していて、その逆ではないことはすぐわかるはずだ。

そのようなことから、本書を執筆する大きな動機になり目指す目標となったのは、科学や技術やそれらから派生するさまざまな諸問題を弾劾したり批判したりすることではなく、それらの正しい位置づけを試みることにあったといってよい。というのも、人類を救うのは究極的には科学・技術ではなくて、人間の精神だからだ。

いま話題の「脳死が死かどうか」という問題も、この観点からの論議がほとんど欠落していて残念だ。科学や技術（現代医学）では死は臨終かもしれないが、死を往生や成仏と理解するもっと広大で長い歴史を持つ文化もあることを忘れてはなるまい。

2 論理の裏目を読む

世界史の書物を開けばすぐ気がつくように、人間は政治的にも経済的にも社会的にも、いつも矛盾に直面し、その都度闘争したり戦争したりして苦悩の連続の歴史だった。しかし、一方ではそれらの苦悩を解決し克服し脱却しようと努力する精神の歴史でもあった。この二面性が人類を苦しめると同時に、その存在や意義を立体化し奥深くし、味わいのあるものにしてきたことも事実だ。だから人間はその本質からして、まさに弁証法的であった。身も心も縮む厳寒の冬があって初めて、水温み、鳥歌い、蝶が舞う春を待ち焦がれる気持ちが湧いてくるものなのだ。

東南アジアのある常夏の国でひと夏過ごしたときのこと。毎夕、子どもたちが広っぱや水の打たれた路地裏で、日が落ちるまで無心に遊び戯れる姿に、かつての日本の夏の夕べの楽しさと懐かしさを思い浮かべた。しかし、来る日も来る日も、一年を通じてほとんど変わらない風景や生活を思ったとき、滴るような樹木の緑が逆に重くのしかかり、一度でよいから木枯らしでも吹かせて、草や木の緑をことごとく散り飛ばせたら、と思うことがしばしばだった。そして身が引き締まる秋冷を懐かしく思ったことだった。すでに述べたように、死が生の意味を深め、共に生きる喜びを増大させたのも同じ理屈だなと思った。

だから、日本の春夏秋冬の存在が、たしかに日本の文化や日本人の感性を深め大きく影響していると思わせたものだ。

物的に豊かな生活だけが、人間に恩恵と満足をもたらすとはいえまい。たとえばエジプトの古代都市において、富が集まってきて富裕な生活を送った人たちもかなりいた。その頂点にいた人物の一人が、

「あらゆる欲望がたやすく満たされ、逆に時間が耐え難い重さでのしかかってくる」

と述懐している。エジプトと同じく古代都市として栄えたメソポタミアでも、あらゆるぜいたくと快楽が許されている特権階級の一人が、奴隷との対話のなかで、

「富や力や性が意味ある生活を創り出すわけではない」

と告白している。

これらは紀元前二〇〇〇年のころに残されたエピソードだ。満足と欲望充足の極限には、このような精神の停滞と退屈だけが待ち受けているということか。退屈しきった人間は不幸だ。精神医学では、退屈は十分に自殺の動機となりうるという。

人類の歴史を見るとき、矛盾解決の歴史、努力の歴史、弁証法的な歴史、それが人類を向上させてきたという実績がある。逆に努力する必要のないところでは退屈が支配する。それは精神の死を意味する。

ドイツの詩人ゲーテの語録に、「人間は努力する限り、迷うものだ」がある。そして、その迷いからの脱却こそが精神の成長になるというわけだ。まさに弁証法的ではないか。

3 人間の論理のちぐはぐさ

論理的破綻！ それが堂々とまかりとおる奇妙さ。人間の命を取引の手段にする人質事件は、卑劣そのもので、最高の処罰が用意されている。だから、テロや不特定多数の人質を取っての犯罪、グリコ・森永事件、サリン事件などは重罪に値する。では人類全体を人質にした核兵器は人類最大の犯罪として断罪してもよいのではないか。この人類の大犯罪に比べると、個人的恨みや痴情のもつれからの殺人など、ものの数ではあるまい。

加速的な時代の流れのなかで、人間であるための条件がいよいよ皮肉なことに人間にとって障害になり始めた。発展することが危機を招き入れることになったのだ。人間が人間になった時点で、その条件として抱え込んだ特徴が、今度はそれが命取りになろうとしているのだ。それはあたかも人類が人類になるべく、強烈な副作用を持った内服薬を飲み込んだようなものだ。フロンやダイオキシンやPCBやDDTなどのように、その便利さに幻惑されて、かげに潜んでいた副作用に気がつかなかった。今ようやくにして、その危険性に遅まきながら気がついて、慌てふためき出したということか。

人間が創り出したもので人間が苦しむ。この自業自得的な現象については、それでもまだ回復の手だてがある。これらの問題は、意識や考え方を変えることでかなり解決が期待できるだろう。しかし本当に深刻なのは、人類誕生以来、人間という本性に組み込まれてしまっている構造的特性が、現代人として生きていくうえで妨げになっているような宿命的な矛盾こそが問題なのだ。なぜなら、それを切り捨てることは、人間であることを否定することになりかねないからだ。たとえば未熟児を出産することから副次的に抱え込んだ難問の数々、なぜ人は殺し合うのか、言葉の長所や短所などについては、第Ⅲ章一〜二ですでに論じたとおりだ。

人間では情と知の発達が目立ってアンバランスだ。すでに述べたことだが、ギリシャ後期になると、情動的なものは本能的もしくは動物的なものとしてさげすまれ、理性こそが人間にとって価値あるものとして強調されるようになった。その延長線上に今日の科学や技術があるわけだが、物作りでは天才的な人間が、まことに低次元な国益や覇権主義のからみから、原爆問題ひとつ処理できないでいるではないか。ことほど左様に、たとえば国家間の政治的諸問題や民族間の紛争、人種問題や自己の心理的・精神的コントロールのような価値観や精神レベルの問題になると、その処理の仕方はまことに拙劣きわまりない。科学や技術では天才的な能力を発揮してきたはずの人間の、このアンバランスで幼児的な精神レベル。ハンガリーの科学哲学者ケストラーは、原爆まで手中にした精神的に未熟な人類を、諧謔を交えながら次のようにいう。「幼児をダイナマイトの束の上に座らせ、マッチを持たせて、『坊や、そこでマッチを擦ったら危ないからね！』と言い聞かせてるようなものだ」。

スペインの哲学者オルテガ・イ・ガゼットは、いくら科学や技術に卓越していても、自分の行なっていることを時代の流れのなかに位置づけることができないものを、「新野蛮人」と断じた。彼は一九三〇年代に、当時の大学教育を批判して、そのような新野蛮人を社会へ送り出していると大学はかならず行き詰まるだろうと予言したことで有名だ。その予言が的中して、一九六〇年代の世界的な大学紛争が起きたことは記憶に新しい。

前述のM・ウェーバーも、科学や技術が現代の社会発展の鍵を握り、その発達の目安にもなるという思い上がった態度がきわめて危険であることを指摘した。それが彼の予言どおり世界戦争を惹起させたという歴史的現実がある。

今、科学主義から人間主義へと乗り換えることが必要になってきた。ここでいう人間主義とは人間中心主義ではない。人類的・人間的エゴイズムから抜け出ることが大切だというものだ。次にこの点に目を転じてみよう。

4　人類はどこへ行く？

永遠という言葉にはどこか神秘な響きがある。同時にまやかしめいた感じもする。「初めあらば、終わりあり」という経験則をまっこうから否定しているからだろう。では人類はどうか。起源があるのだから終焉ないし絶滅があるとしても、それが何万年も先のことなら、だれも眉ひとつ動かすまい。だが、その危機が目前だとすると、「まさか！」といって、否定する。危機の兆候はかなり明確であっても……。

だが、これからの人類が当分のあいだ絶滅することなく、そして地球上の進化もそのまま継続するものと仮定するならば、すでに第Ⅱ章二でも述べたように、おそらくは今後の人類の進化は意識や精神のレベルから発進するものと考えてよいだろう。ということは、その未来人が今、街角に立っていたとしても、見た目には身体的にサピエンスとはあまり変わりがないということだろう。では、どこが違うかというと、芸術的な感性や直観力や知的・精神的活動のような面で、大きく質的に差を生じているということだろうか。

これを次のように考えると理解しやすいだろう。たとえば盲腸の退化程度が人によってさまざまなように、進化史的に見ると、現代人の身体や器官にはさまざまな程度に未来型と現代型（標準型）と過去型の特徴を示す人たちが混在している。そして時間の経過につれて、しだいに現代型が過去型へ、未来型が現代型へと移行していく。芸術的感性や精神能力や直観力なども同様で、かって仏陀や孔子・老子やキリストやマホメットのような時代を突出した精神の持ち主が現われたように、未来ではそのような人物の出現がむしろ標準的になるのかもしれない。その時点では、「かつて我々の祖先には、みずからをサピエンス（賢明なヒト）と僭称した時代があった」と批判することだろう。テイヤール・ド・シャルダンがオメガ点（そう遠い未来のことではない！）で神と遭遇すると考えたのは、このへんのことをいっているのだろう。

振り返って考えてみると、このような傾向はすでにネアンデルタール人でその節目のひとつを見出すことができる。人類は約四五〇万年前にゴリラやチンパンジーと分れて、猿人から原人までは、飛行機でいえばしだいにその助走の速度を増していった。ネアンデルタール人になって、ついに人間化へと離陸した（第Ⅱ章一―1）。死の発見による精神の広がりと深さ、その明と暗、宗教的心情、花を愛でる美的心情、遺物から読み取れる言語能力の高さ、身内や親しい者に対する介護などに感じ取れる人間味など、あるいはまた喜怒哀楽や愛憎のもつれや流血の争いなど、シャニダール人をとおして私たちはネアンデルタール人に人間を垣間見ることができた。その世界では人間として生きるべく、それと同時に深刻な心のもつれや葛藤や懊悩も生じていた。それまでは人類は他の生き物と同様に、まだ自然に強く依存して生きる自然存在の一部だった。生き物は生きるための戦略として、それぞれ分に応じた知や分別を持つ。それがネアンデルタール人では、超自然的な文化的存在にシフトし、人間に恩恵と同時に精神的苦悩をもたらすことになったのである（第Ⅰ章一―1〜2）。

ネアンデルタール人から現代人までの進化を見ると、すでに身体的・生物的というよりも、精神や文化の次元での進化が目立って優勢的に進行してきたことがよくわかる。

トーテミズムやアニマティズム、アニミズム、ディオニュソスなどの霊や情動を中心に据えた世界では、人間にとって知は生きる戦略として、まだ全人的に生きていた（第Ⅰ章二―6）。全人的にとは、人間の精神や能力が社会階層や職業その他によって寸断されていない状況をいう。つまり、社会的にも政治的にも経済的にも、人間の精神はそれらに影響されることなく、全人格的で自由だった。やがてギリシャ時代後期の「ただ知るためにのみ」「知のための知」の時代になると、そのパラダイムは理性上位となり、発信源を辺縁系に持つ情動は動物的・本能的としてさげすまれるようになった。以後、理性や精神と情動や肉体や性といった二元的対置から、心と体は引き裂かれてしまった。

それからというもの、科学者や技術者は神のような目で自然や事物を観察し記録するようになった。自分はその現実のなかには入らず、外側もしくは上方から神の目で見る。それが客観的ということだった。それがプラトンの目でもあった。

5　見えてきた解決の糸口

かつてカントが、自著『純粋理性批判』のなかで、ギリシャ時代以来ずっと哲学の根本問題として扱われてきた形而上学的な問いが、本来答の出ないものだということを明確に示した。その証明は伝統的な哲学にとっては天動説が地動説にひっくり返るほどの衝撃だった。そのことをカントは「コペルニクス的転回」と表現したのだが、今ふたたび、それに近いパラダイムの転回が必要になってきた。

ちょっと身の周りを見渡しても、各地で見られる地域紛争、宗教的・異文化的な衝突やエスニシティ問題、脳死や臓器移植、核開発や環境汚染、科学や技術、経済・政治などの戦略の舵取りには、いつも思想や価値観や人間観が先行していて、その逆ではないことがわかる。その舵取りこそ人類を危機から遠ざけ、今後の世界を動かしていくのにもっとも大切な原動力になることだろう。科学や技術がいくら発達しても、そのことで人間が救われることはない。今までもそうであったように、人間を救済するのは科学や技術ではなくて、究極的には人間の意識や精神なのだ。ならば、人間を縛りつけるようなプラトン的な呪縛ではなくて、人間を自由にする精神でなければなるまい。

パスカルは「矛盾をいっぱい抱えながら、それに気づかずに生きているのが人間だ」という。つまり、人間である限り、自己矛盾的存在だということか。それが仏教でいう人間の業であり、キリスト教でいう人間に負わされた原罪だということになるのだろうか。客観性を精神とする自然科学さえもが、その根本のところで大きくパラダイムの変更が必要になってきた（第Ⅳ章一―3）。科学主義や合理主義の世界観で、人間を救済することは不可能だという声もしだいに大きくなってきた。

6　次なる意識改革へ

第二次世界大戦後の二〇世紀後半の世界は、人間の精神構造はもとより政治・経済・社会や科学・技術の分野でも大きく変革した。交通や情報手段も飛躍的に変化し、資源の開発・利用とか食糧や疫病、人口急増や環境保護などの人類福祉に直接関わる問題も一国だけでは解決せず、国際規模で考えることを余儀なくされるようになった。局地的紛争ひとつ見ても、その背後には多くの国々が複雑にからみ合っていて、もはや局地的視野では理解できない。そして、ひとたび大戦ともなれば、その被害は人類の存続を左右する危険すらある。このようなことから設立されたのが国際連合（一九四五）だったと記憶する。そしてアインシュタイン、ラッセル、湯川秀樹ら八人の科学者の共同宣言がなされた（一九五五年七月）。それによれば、

「この機会に我々はある特定の国民としてでなく、また、ある特定の大陸にすむものとしてでなく、さらにある心情や主義の代表者としてでもなく、その存続が脅かされつつあるところの人類、ヒトという生物種の一員（ホモ・サピエンス）として、ここに呼びかけているのである」。

という人類共同体意識が明瞭にみてとれる。このような人間理解の仕方が、戦前に、あるいは一九世紀に、あるいは近世を通じてあったであろうか。

7　プラトン的な呪縛から脱して

しかし一九七〇年代になって、人間の意識や人間の視野がさらにグローバルになったことを指摘しないわけにはいかない。むしろ宇宙的視野といったほうがよいかもしれない。

いささか逆説的ではあるが、「自然を保護する」とはなんと人間はいい気なものだろう。自然はべつに人間によって保護されなければならないほど、か弱いものではない。そうしなければ人類は生きてゆけないし、また、地球生命システムの破壊者としての元凶の烙印を押されるだけのことなのだ。人類はおろか、地球上の全生命が滅亡した後も、依然として自然は宇宙的論理に従って存在し続けることであろう。

「最初の宇宙飛行士たちが宇宙空間へと飛び出し、地球がぐんぐん後退していったとき、国境が意味を失いはじめた。彼らはもはや特定の国、階級、人種にでなく、全体としての地球と人類にアイデンティティを感じていた」。

これは宇宙に飛び出た飛行士たちが等しく感じたことだという。わずか十数年にして人類の意識はこうも変わったのである。つまり人類中心的な「人類は地球上の運命共同体」という意識から、一歩進んで地球意識もしくは地球的生命意識へと変革したのである。

「自己組織化する生命システム」つまり「生命を育む地球、生きた地球」として地球を理解するとき、人類はたんに地球上の生物界の一員にすぎない。

　この意識には、先ほどのアインシュタインや湯川やラッセルらの科学者共同宣言に見た人類共同体といった人間を中心に据えたおごり高ぶった姿勢はいっさいない。自然も動物もサルもヒトも一つのシステムに組み込まれた部分にすぎない、という意識への高まりがある。もはや神の目、真理の目、客観的という目、プラトン的な目でもって、人間を超えた超越的位置から人間を見るのではなく、あえて言えば地上に立つ人間の目でもって人間を見る姿勢がここにはある。

　これは人間の精神史にとってかつてない大きな意識革命であり、今後、この精神の延長線上で各種のサルたちとも共存互恵的に接していく姿勢が重要となってくるだろう。さもなければ、人類はガン細胞となり、地球生命システムという宿主をむしばみ、その死とともに、みずからも死滅するという最悪の皮肉に遭遇することになろう。

参考文献

（邦訳のあるものは、それを優先した。本誌の執筆に当たって、ここには記さなかったが、参考になる書物はこの他にも多くあった。改めてこれらの先人の業績に対して、畏敬の念と謝意を表したい）。

石田英一郎『人間を求めて』　角川書店　一九六八年
伊谷純一郎『霊長類の社会構造』　生態学講座　第二〇巻　共立出版　一九七二年
今西錦司『人間以前の社会』　岩波書店　一九五一年
江原昭善・渡邊直経　『猿人　アウストラロピテクス』　中央公論社　一九七六年
江原昭善『人類の地平線』　小学館　一九八一年
江原・大沢・河合・近藤『霊長類学入門』　岩波書店　一九八五年
江原昭善『霊長類の適応』　人類学講座、第九巻「適応」人類学講座編集委員会編　雄山閣　一九八八年
江原昭善『人間性の起源と進化』　NHKブックス　一九八九年
江原昭善『人類ーホモ・サピエンスへの軌跡』　NHKブックス改訂版　一九九四年
江原昭善『低迷せる思索の遍歴〜自然人類学の稜線の彼方』　生活社会科学科紀要第3巻　一九九八年
江原昭善『人間はなぜ人間か〜新しい人類の地平から』　雄山閣出版　一九九八年
江原昭善『人類の起源と進化〜人間理解のために』　第六版　裳華房　二〇〇一年
加納隆至『最後の類人猿〜ピグミーチンパンジーの行動と生態』　一九八六年
アルベルト・P他／江原昭善「氷河時代の環境」「発掘調査の方法」「人類最古の文化」江上波夫監修『考

古学とは何か』に収録　福武書店　一九七五年
ケストラー・A／田中・吉岡訳『ホロン革命』　工作舎　一九八三年
ケストラー・A／日高・長野訳『機械の中の幽霊―現代の狂気と人類の危機』ぺりかん社　一九八〇年
コルボーン・S・D、ダマノスキ・J・P・マイヤーズ／長尾力訳『奪われし未来』　翔泳社　一九九七年
ソレッキ・R・S／香原・松井訳『シャニダール洞窟の謎』　蒼樹書房　一九七一年
ダイアモンド・L／長谷川訳『人間はどこまでチンパンジーか』　新曜社　一九九三年
トリンカウス・E・P・シップマン／中島健訳『ネアンデルタール人』　青土社　一九九八年
バーマン・M／柴田元幸訳『デカルトからベイトソンへ』　国文社　一九八九年
ベイトソン・G／佐伯・佐藤・高橋訳『精神の生態学』上・下　思索社　一九八六年
ベイトソン・G／佐藤良明訳『精神と自然』　思索社　一九八六年
ピルビーム・D／江原・小山訳『人の進化』　TBSブリタニカ　一九八二年
フランソワ・ド・クロゼ／朝倉・倉田訳『進歩の危機』　日本経済新聞社　一九七〇年
松沢哲郎『チンパンジー・マインド』　岩波書店　一九九一年
マルフェイト・A・W／湯本和子訳『人間観の歴史』　思索社　一九八六年
山際寿一『家族の起源～父性の登場』　東京大学出版会　一九九四年
横山祐之『芸術の起源を探る』　朝日選書　一九九二年
ラントマン・M／谷口茂訳『人間学としての人類学』　思索社　一九七一年
ルロワ＝グーラン／荒木亨訳『身振りと言葉』　新潮社　一九七三年

ルロワ＝グーラン／蔵持不三也訳『世界の根源～先史絵画・神話・記号』 言叢社　一九八五年
ワトソン・L／木幡・村田・中野訳『生命潮流』 工作舎　一九八一年
Remane, A. 1956 : Die Grundlagen des natuerlichen Systems, der vergleichenden Anatomie und phylogenetik., Leipzig.
Overhage P. & K. Rahner 1961 : Das Problem der Hominisation. Herder, Freiburg Basewl Wien.
Krogh C. v., 1959 : Die Stellung der Hominiden im Rahmen der Primaten. Die Evolution der Organismen, Bd. 2 Hrsgegb. Heberer G. Fisher Verlag, Stuttgart.
Herre, W. & Roehrs M., 1971 : Domestikation und Stammesgeschichte. Die Evolution der Organismen, Bd. 2, Hrsgegb. Heberer G., Fisher Verlag, Stuttgart.
Mayr, E. 1950 : Taxonomic categories in fossil hominids. Origin and Evolution of Man., Cold Spring Harbor Symposia on Quantitative Biology., Vol. 15.
David Lambert 1987 : The Cambridge Guide to Prehistric Man. Cambridge University Press.
Washburn, S. L. 1950 : The analysisi of primate evolution with particular reference to the origin of man.
Origin and Evolution of Man., Cold Spring Harbor Symposia on Quantitative Biology. Vol. 15.
Kroeber, A. L. 1948 : Anthropology. Harcourt, New York.
『哲学事典』 平凡社　一九九二年
『哲学・思想辞典』 岩波書店　一九九八年

余　滴——あとがきにかえて

本書は既成のジャンルからみると、どの分類棚に収めればよいのか、一瞬とまどいするような小論（人間論）になってしまった。考えてみると、これが筆者の思索の遍歴でもあった。といっても、満足な終着駅に到達したわけではない。それほど「人間」は幅広く奥深い問題だということか。

筆者が人間を自然科学の対象として研究する「自然人類学」を学び始めて四十数年。やがて、自然科学の枠内で広く人間を理解するには、厚い壁があることを知った。あえてそれを超えた人間研究は、既成の自然人類学の枠からはみ出てしまうからだ。つまりその枠の外は、自然人類学にとっては思考停止の領域だった。だが、人間がどのようにして人間になったか、その起源と進化のメカニズムを考えるには、この制約は致命的であり欠陥でもあった。というのも、生物レベルだけで人間を考えるならともかく、人間性や人間の情動などを抜きにしたままの人間研究では、干からびた人間像しか浮かんでこないからだ。にもかかわらず、大学教育の場ですら、学部の構成を見ればわかるように、人類や人間を自然と人文の領域に分断し、その間には超えがたい溝が横たわっている。

第二次世界大戦後になって、これらの傾向を批判する人も出てきた。たとえば、アメリカのクローバー教授は『人類学』(一九四八)というかなり大部な教科書を出版し、故石田英一郎教授も総合人類学の大切さを強調した。石田教授は「文化というものを考えたこともない自然人類学者とネアンデルタール人の何たるかも知らない社会(文化)人類学者の間には、語りうる共通の場は存在しない。人類の理念と人間の主体性の回復のもっとも要請される今日、全体的人間像の学としての人類学」(一九六八)こそが大切であることを強く訴えた。この指摘は三十数年経った今も、輝きを増しこそすれ、色褪せてはいない。

筆者もみずからを省みて、広く人間研究を行なうべく、この稜線を超えることは、いつしか自然人類学からの逸脱ではなくて、脱皮だと考えるようになっていた。

この視座に立つと、プラトン流の普遍的人間や抽象化された人間など幻想にすぎず、そんな人間は頭のなかか書物のなかにいるだけで、現実にはどこを探しても存在しているはずがない。男か女、大人か子ども、さまざまな人種や民族などとして具体的に生きているのが人間であって、いうなれば、すべてが人類という一大オーケストラのなかの不可欠の楽器であり、人類という全体を構成するために必要な、平等の価値を持つ構成要素なのだ。つまり大編成のオーケストラを、たった一台のチェロで代表させるようなわけにはいかないのだ。筆者はこのようなゲーテらに代表されるロマン主義的な血の通った人間論にいっそう共鳴するようになっていた(『人間はなぜ人間か』参照)。

そんなある日。フロイト派の民族学者ゲザ・ローハイムの次のような批判が目に飛び込んできた。「人類学者人類を見ず、人間をも見ようとしない」。胸に突き刺さるような鋭い批判だった。生きた「人類を見、人間を見る」には、どのような事情があろうとも既成の自然人類学から出ざるを得ない。それからというもの、ためらうことなく稜線の彼方に足を踏み入れ、そこで得られる成果や知識も筆者の自然人類学の体系に組み入れ、その視点から現代人の在り方までを考えるようになった。

しかしこの稜線を超えたところでは、クローバー教授や石田教授もおそらく気がつかなかった厄介な事態がクローズアップされてきた。つまり人類の成り立ちや本性そのものが、みずから創り出す複雑化した文化や文明や社会とのあいだでねじれを生じ、本書の随所で触れたような、宿命的な自己矛盾に悩む人間の姿を見ることになったからだ。

二〇世紀は、善きにつけ悪しきにつけ、科学と技術の時代だった。神の聖域だった物質の極微の世界にまで立ち入り、あるいは生物の出発点である遺伝子レベルでの解析や研究が盛んになり、一方では宇宙創生の機序や時期についても議論されるようになった。いつの間にか科学や技術は、神に代わって神の座を占め、客観主義という神の目を持つようになった。しかし……。

一方では自然科学自体も、脱皮への芽を体内に育てつつあることを知った。ニーチェの「事実など存在しない。あるのは解釈だけ」という主観優先の表現も、量子力学の先駆者の一人ハイゼンベルクの「客観的事実など存在しない。あるのは自分の目を通してみた事実だけ」の発言とみごとにつながる。主観と客観の境目も消えて、自然科学と人文科学の結合が見られる。私たちが客観性といっているものも、M・ポランニーによると、理性以前の非合理な無意識の世界から、自分流に切り取った、いわば主観から出発したものだということも明らかになった。だから科学者や技術者が胸を張っていう客観性なるものも、出発点から主観が絡んでいて、純粋に客観的とはいえなくなってしまったのだ（本文参照）。

さらに「科学や技術こそが人類の進歩の指標であり、世界を豊かにしてきた」という人がいるが、このような自惚れに近い科学者・技術者の主張も考え直さなければなるまい。

この事情をもう一段掘り下げて、もっと深いところから見ると、各地で見られるもつれにもつれた地域紛争、宗教的・異文化的な衝突やエスニシティ問題、脳死や臓器移植、核開発や環境汚染、経済・政治などの戦略の舵取りには、いつも思想や価値観や人間観が先行していて、決してその逆ではないことがわかる。そこのところをしっかりと知っておくべきだ。そこを考え違いすると、人類はますますみずからを危機的状況に追い込むことになるだろう。究極的には科学や技術そのものには、人類の危機を救済する力はないのだ。

ではどうすればよいのか。人間の自浄力と、よりよく生きるべく意識改革の努力をする以外に、さしあたって具体的な名案があるわけではない。つまりは明確な結論はないということだ。だとすれば、「何事にもすっきりした結論があってしかるべきだ」というせっかちな習慣的思考の方こそ、まちがっているのではあるまいか。

つまるところ、人間は終着駅のない軌道上を、矛盾という乗客をいっぱい乗せて、未来に向けてばく進している列車に似ていなくもない。もし終着駅があるとすれば、それは、文字どおり人類の終焉を意味する。だから、生存している限り、人類はいつも終焉に向かう軌道上にあるということだ。であるならば、ゲーテもいうように、「人間は努力する限り迷うものだ」という弁証法的な通過過程にあるということか。それとも、パスカルは「矛盾をいっぱい抱えながら、それに気づかずに生きているのが人間だ」といったが、生きているからこそ、そして生きている限り、矛盾を抱え続けるということなのだろうか。

このような染み込んでしまった自己矛盾から解脱する唯一の方法は、その矛盾をかき消すことではなく、それを乗り越え研鑽を積んで、弁証法的に一段高い認識（ベイトソンの学習Ⅲ、本文参照）に達する以外に道はないのではなかろうか。

きびしい出版事情のなかで、本書の刊行に協力していただいた雄山閣出版の佐野昭吉氏に、この場を借りて謝意を表したい。

索　引

あ

い

う

え

こ

さ

し

の

は

ひ

ふ

へ

◇著者略歴◇
江原　昭善（えはら　あきよし）
1927年生まれ。東京大学理学部人類学科卒。理学博士・医学博士。フンボルト財団による西ドイツ留学。キール大学、ゲティンゲン大学客員教授、京都大学霊長類研究所教授、椙山女学園大学学長などをへて、現在は日本福祉大学客員教授兼コミュニティ・スクール校長、京都大学名誉教授、椙山女学園大学名誉教授。
主要著作…『人類』（ＮＨＫブックス）、『人間性の起源と進化』（ＮＨＫブックス）*、『猿人』（中央公論社／共著）*、『人類の地平線』（小学館）*、『霊長類学入門』（岩波書店／編・著）、『進化のなかの人体』（講談社）*、『人類の起源と進化』（裳華房）*、『サルはどこまで人間か～新しい人間学の試み』（小学館）、『人間はなぜ人間か』（雄山閣）*、『人間理解の系譜と歴史』（人類学の読みかた、雄山閣）訳書として『考古学とは何か』（福武書店）、『人の進化』（ＴＢＳブリタニカ）他。
現住所：〒509－0257　岐阜県可児市長坂4－190

挿入詩作者
江原　律　中日詩人会会員。詩集『琥珀の虫』不動工房（中日詩賞次賞）、『曙のヒト』花神社、『インカの枯葉』思潮社、『遠い日』潮流社（中日詩賞受賞）。江原昭善著作のうち、本書以外に＊印の単行本6冊の各章扉にも短詩挿入。

服《ふく》を着《き》たネアンデルタール人《じん》――現代人《げんだいじん》の深層《しんそう》をさぐる

2001年7月10日印刷
2001年7月20日発行

検印省略

著　者　江原　昭善
発行者　長坂　慶子
発行所　雄山閣出版株式会社
住所　東京都千代田区富士見2-6-9
電話　03(3262)3231　振替　00130-5-1685
本文印刷　株式会社熊谷印刷
カバー印刷　開成印刷株式会社
製本　協栄製本株式会社

ISBN4-639-01745-6 C1020